掌控饥饿，摆脱焦虑

# 饿怒症

## Hanger Management

Master Your Hunger and
Improve Your Mood, Mind, and Relationships

[美]
苏珊·阿尔伯斯
（Susan Albers）
著

孙乃荣
译

中信出版集团 | 北京

图书在版编目（CIP）数据

饿怒症：掌控饥饿，摆脱焦虑 / (美) 苏珊·阿尔伯斯著；孙乃荣译. -- 北京：中信出版社, 2021.6

书名原文：Hanger Management：Master your hunger and improve your mood, mind, and relationships

ISBN 978-7-5217-2477-6

Ⅰ. ①饿… Ⅱ. ①苏… ②孙… Ⅲ. ①情绪—自我控制—通俗读物 Ⅳ. ①B842.6-49

中国版本图书馆CIP数据核字(2020)第249076号



**饿怒症：掌控饥饿，摆脱焦虑**

著　　者：[美]苏珊·阿尔伯斯
译　　者：孙乃荣
出版发行：中信出版集团股份有限公司
（北京市朝阳区惠新东街甲4号富盛大厦2座　邮编　100029）
承 印 者：河北鹏润印刷有限公司

开　　本：880mm × 1230mm　1/32　　印　　张：8.5　　字　　数：190千字
版　　次：2021年6月第1版　　印　　次：2021年6月第1次印刷
书　　号：ISBN 978-7-5217-2477-6　　京权图字：01-2021-1100
定　　价：59.00元

# 目录

# 第二部分　管理饿怒

## 第一章 将饥饿感掌控在手 65



## 第二章　远离饿怒的家庭和常去之处 103



## 第三章　倾听饥饿之声 131

# 前言

本书的创作灵感来自 11 年前我在教堂中的一段经历。

不，这并非神的干预，而是一个极度尴尬的时刻。

那天，我在教堂里犯了一个很严重的错误，但直到做了 20 分钟左右的礼拜，我才意识到这点。

那个情景，我至今记忆犹新。一开始，和以往任何一个星期天一样，一切顺利。18 个月大的女儿微笑着舞动小手，逗乐了坐在我们周围的人，我真心以她为荣。她穿着一件粉红色的荷叶边连衣裙，金色的头发上别着一个粉色的蝴蝶结，看上去可爱极了，就像一个小天使。

但不一会儿，她开始在我怀里坐立不安，来回扭动。

我立刻看出了女儿的举止变化，也清楚地知道她动作里的含义。我笑了笑，从容地把手伸进带来的大号袋子里去拿她的麦圈。我在袋子底部摸索了一圈，接着开始疯狂地搜衣服口袋。

哦，不会吧！忘了带麦圈？我这样想着，可要度过长达一个小时的礼拜，怎么能少了麦圈呢？我准备了，我十分确定。但接着，我眼前闪过一个记忆片段：装着麦圈的袋子还待在家中厨房的大理石台面上。

我试图用女儿的长毛绒玩具埃尔莫和扮鬼脸来分散她的注意力，但在我惊慌失措的眼神的注视下，女儿崩溃了。她跺着脚非要麦圈。我拼命地嘘了几声，周围的人向我投来异样的眼光。

趁我不注意，女儿一下子冲进了过道，一头摔倒在了教众面前，然后彻底崩溃了。噢，是的，她一边尖叫，一边号啕大哭。

我真想找个地缝钻进去，可最终还是冲到前面手忙脚乱地抱起她。我急匆匆地当着众人的面带她出去，羞得满脸通红。

这件事给我上了难忘的一课：饥饿的力量足以改变我们的情绪。

时间快进到今天。女儿已经十几岁了，自教堂那日起，她在各方面都成长了许多，但我依旧能看到食物的力量如何影响她的情绪。

我每次去接她放学，一关车门就能读懂她的情绪。有时是“嘿，妈妈，问问我今天过得怎么样吧”，有时则是“等我正常了，再和我讲话”。如此不一。的确，除了饥饿，还有很多事情会影响一个少女的心情。但在诸多因素中，饥饿产生的巨大影响仍然让我充满敬畏。因此，我也学会了等女儿回到家，吃过健康零食后，才开始问她这一天发生的种种。女儿的胃填得满满的，讲述着发生的一切，我觉得一切的等待都是值得的。一句简单的“我今天过得很好”和“妈妈，告诉你今天发生的一切吧……”是大不相同的。

我经常和女儿、儿子谈论食物和情绪之间的关系。从认知角度来讲，他们能够理解好的食物等于好的心情。这其实相当通俗易懂。

但直到我和女儿去纽约旅行，她才真正理解了这一理念。我和母亲、女儿从美国俄亥俄州驱车约 8 小时前往纽约。那天出发前，我们吃了一顿丰盛的早餐，快到新泽西州时，我们才开始谈论起自己的饥饿程度。

我带了一些零食，女儿建议把它们都吃掉，这样我们就无须沿途找些寻常的食物填饱肚子，而是可以到纽约再专心致志地寻找美食。

我太喜欢这个计划了,因为我做梦都想吃切尔西市场的泰国菜。

但让我惊讶的是，母亲双臂交叉，生气地打断道："我可不想吃垃圾食品，我想吃的是食物，真正的食物。"

我和女儿交换了一下眼色，但母亲态度坚决，我也只能把车开到下一个出口。

中途，我们把车停在一家饭店门口，趁着母亲去洗手间，女儿拍了拍我的肩膀，诚恳地说道："我为饿怒发作时说过的那些话感到抱歉。"我知道"饿怒"这个词，它由饥饿和愤怒两个词组合而成，完美地诠释了此时此刻的情景。

看着女儿一本正经的样子，我发自内心地笑了。就在那天，女儿见证了饥饿的力量如何将慈祥温和的外祖母变成一头饿熊。

我告诉她："生活中，我们可以用某些方法管好自己的饿怒。"瞧！本书的主题就这样诞生了。

在此，我想花点时间做一个重要说明。如今世界上仍有许多人因无法获得食物而忍饥挨饿。他们处于饥饿之中，有时甚至可以直白地讲是在挨饿，背后的原因不同于本书所描述的那些。提及这个问题不是要让大家感到内疚，而是为了说明本书所谈论的饥饿并非由缺乏食物引起的，这一点非常重要。书中谈及的是一个完全不同的问题，一旦能掌控好，我们将感到内心舒畅，而这个问题就是我们在充足的食物面前所面临的挣扎。这两个问题好比一个是由洪水引发的，一个是由干旱引发的，二者截然不同。

我希望我的儿女都能掌握一门艺术，即管理好由情绪和生理因素引起的饥饿，如此一来，他们在青少年时期和成年后都能活出最好的自己。我的工作地点是位于美国克利夫兰的诊所，我每天在个人网站上办公，迎接那些努力想要达到最佳状态的咨询者。他们都想尽力扮演好父母、雇员、学生、朋友、家人和其他重要的角色。

当我们在空腹状态下运转身体，即试图节食或尽可能少吃东西时，我们往往会被与食物相关的想法分散注意力。或者，由于过度繁忙，我们无法将好好吃饭放在第一位，这时由饥饿引起的喜怒无常便会占据上风。通常，我们将坏心情归咎于压力，而事实上这是营养不良带来的后果,或是由于吃了过多的食物而完全破坏了情绪。

但事实也不一定总是如此。

本书将带你了解食物如何帮助你塑造最佳的自我。

此刻，我微笑着，我很开心能为大家分享我所知道的关于食物产生的心理力量。

感谢你加入这段旅途，你将和我、我的孩子们以及咨询者们，一起学会如何掌控饥饿，过上幸福的生活。

han · gry

饿怒的，形容词。

该词由饥饿（hungry）和愤怒（angry）两个词组合而来，指因饥饿而变得脾气暴躁或易怒。

# 引言

“我和我男朋友今天差点儿分手。我们足足等了一个小时才在最喜欢的餐厅里落座，可女服务员几乎无视我们的存在。我不耐烦地跺着脚。时间一点一滴地流逝，我因为太饿变得越来越愤怒，开始不停追问男朋友今天是否去杂货店采购，接着又对他的购物清单指指点点。我们一直试图做到健康饮食，可结果呢？家里什么食物都没有。他叫我安静，转过身背对着我，不想和我说话。他自语道：‘我快饿死了，该死的，怎么这么慢？’最后，他走出大门，站到外面，不停地走来走去。我冲着门口嚷，叫他尽管离开。事情立马变得糟糕透顶。可见，当饿怒发作时，我俩都不再是理性的人。”

——艾娃

我们都经历过饿怒。

我们都曾因饥饿而厉声呵斥过他人，也许我们相识之人和所爱之人也曾仅仅因极度饥饿对我们横加指责。任何人在饥饿之时都无法达到自身最佳的状态，会表现出暴躁易怒、恶声恶气甚至是极度愤怒。面对咨询者时，我将这种感觉称为“饿怒”，这是一个由饥饿和愤怒组合而成的流行词。

但是，不仅饥饿会破坏情绪，过度饱食也会导致心情不佳。饿怒会让我们吃得过多，从而感到“饱腹性悔恨”——由悔恨和饱腹两个词（regret and full）组合而成。“饱腹性悔恨”是指盲目地暴饮暴食而造成的生理和情绪上的不适。我将在书中更详细地解释这一概念，但我猜想，读到此处，你应已经亲身体验过这种感觉了。或多或少，我们都曾因太饿或太饱有过极度不适的经历。

基于在办公室接待过的成千上万位咨询者以及线上的工作实践，我发现了一个重要的事实：情绪对饮食有着极大的影响。你所食用的东西显著影响你的感受，但是管理饥饿绝非易事。掌控饥饿感也是一件棘手的事——我们要用适量的食物填满自己的胃，不能过多也不能过少。

好消息是，有一些简单有效的方法可以应对由饥饿引起的情绪低落；还有一些方法不仅能防止情绪低落，实际上还可以让你通过吃东西振奋精神。是的，没错。吃得好感觉就会很棒！

本书将深入了解饿怒症的诱因及预防方法。通过正念饮食技巧，你将学会控制饮食习惯，并达到最佳状态。

## 饿怒管理：可能与你想象的不一样

前几天，我参加了一个同事的 40 岁生日宴会。她丈夫准备了食物，餐厅的桌子上摆满了甜品，有曲奇饼干、蛋糕和派：甜食爱好者想吃的东西应有尽有。我站在桌边，看着这满满一桌，这时一个不太熟悉的女士走了过来。“你应该是永远不会碰这些的。”

她指着宴席示意道。我有点难堪，本来想告诉她我一直盯着巧克力花生酱派，但很快打消了这个念头。

不了解我的人会对我的饮食之道做出很多设想，可能是因为他们知道食物是我的专业领域，这可以理解。但他们的想法也时常让我感到惊讶，他们猜想我不喜欢食物，或者认为我像只挑食的老鼠，只吃沙拉。我惊讶于这些想法，什么样的人才会不喜欢食物呢？于是，我一次又一次地告诉他们："我喜欢食物，食物给予我快乐。让我不悦的并非食物，而是吃得太多或太少。"这才是事实。

对你来说亦是如此。不是巧克力饼干毁了你的一天，而是吃了五块饼干后深陷悔恨的痛苦之中，令你感到悲伤。

食物让我在各个方面感到愉悦，它美味可口，无与伦比。我经常利用空闲时间查找新开的餐馆、食评、新颖的食谱和烹饪视频。接下来的那周，我将第一次去往查尔斯顿。我做好计划后的头一件事就是查看餐馆点评，列出一个最佳选择清单。事实上，每到一个新的城市，我最喜欢做的事情就是安排一场美食之旅。几乎每个城市都会有这样一段旅程，导游会带你在城市里到处闲逛，在受人喜爱的不同餐馆里吃点东西，他们通常会选择具有城市历史意义的食物。例如，我在新奥尔良市品尝甜甜圈，在密歇根州细细品味底特律式比萨。我甚至还喜欢在吃不到的时候看别人做菜：过去的几年中，我沉迷于网上那些只能看到双手在快速做菜的视频。

我尤其喜欢在家享用美食。我和丈夫认识一对夫妻，他们是我家孩子的好友的父母，非常喜爱做饭。他们常带着菜品来到我家，我们一家就成了试菜者——可真是幸运！某天，他们带了一份草莓、蓝莓和黑莓混合而成的素食脆片，撒着红糖。每周五晚上，我们都一起做饭、喝酒、聊天，别提多开心了。

让最喜欢的味道停留在舌尖，充满我的味蕾，我喜欢这种感觉。拿 2019 年来说，在西西里岛旅行时，我第一次吃到仙人掌果子。我记得仔细观察过它，绿色的果皮凹凸不平。我从未见过，甚至不知道该如何吃，还好我的朋友告诉我该怎样切开，然后连种子一起放进嘴里。果子很甜，味道奇特——与我吃过的其他水果不同，现在它已经位列我喜爱的甜点清单中了。

现在就想一下：能让你快乐的食物是什么样的？尝试新的食物是什么感觉？味道如何呢？你会和朋友分享食物吗？食物的方方面面都值得我们热爱。

然而，给予我快乐的不仅仅是食物的美味。的确，美味起到了重要作用。但我要说的是，吃得好、吃得用心时，我会成为一个更好的自己，或许，你也是如此。比如，吃得开心的我对孩子更有耐心，不会因孩子们的小吵小闹而感到烦心；我可以努力完成不喜欢的任务，比如支付账单或是文书工作。没有饥饿感、正念饮食的我精神状态极佳，我会在咨询过程中或电话里聆听你的故事，记住你说的每一个字。相比这下，饿着肚子的我会忽略一些细节，因为我的脑海里会不断出现纠缠不休的小想法——“我应该吃些什么？”这会分散我的注意力。

当我像一个金凤花姑娘[1]般正念饮食时，我就达到了最佳状态：没有吃得过多或过少，只是刚刚好。我喜欢吃得刚刚好的感觉——满足，又不会太饱。

弗吉尼亚·伍尔芙在近 100 年前写道，“一个人如果不能好好吃饭，就无法做到好好思考、好好去爱、好好睡觉。”这是我此生最喜欢的祷文，我将它写进自己所有的作品中，我的目的是帮助人们做到这一点。但我发现，不论自己还是他人，想要实现这一点都需要些非常特殊的方法。这并非易事，却有可能实现！

**10种陷入饿怒的人**

饿怒之人各不相同。我将总结人们饿怒症的成因及表现形式。年复一年，我在办公室听人们谈论着饿怒，发现了一些有趣的共同之处。

本质上讲，所有饿怒之人都长期受困于饥饿程度与满足饥饿的行为无法匹配这一问题。你必须像了解自己的手背一样了解饥饿，这样才能防止饿怒的发生。所以，读读下面的例子，想想它们如何能帮助你关注自己的饥饿感。

读过之后，请停下片刻问问自己是否认同这些类型中的一

1　金凤花姑娘：美国传统的童话角色，金凤花姑娘喜欢不冷不热的粥，不软不硬的椅子，总之是“刚刚好”的东西，所以后来美国人常用金凤花姑娘来形容“刚刚好”。

种或多种（很可能不止一种）。

**1.忙到没时间吃饭**

每天早上，凯伦都要为三个孩子准备好午餐，费力找出他们的袜子，把作业装进书包，同时要为自己选一双适合晨会的鞋子。“我也想吃得健康些，”她再三重复道，但随后又总会说：“可我真的没有时间。”对凯伦来说，吃饭仿佛是一种时间上的奢侈行为，她负担不起。

结果，凯伦在开始工作时，往往会先在办公室翻找能找到的任何吃食，通常是会议室里不大新鲜的玛芬蛋糕或是办公桌上的健怡可乐。多数时候，她都空腹运转着。工作中，她脾气暴躁，注意力不集中，经常时间没到就提前开始考虑午餐该吃些什么。

**2.饮食没什么规律**

托马斯以在装修中安装石膏板为生。每天，他都会去一所新房子，每天的工作都不一样。有些工作一小时就能搞定，有些则会持续一整天。忙得不可开交时，他连午饭都顾不上。

结果，往往在托马斯结束工作离开时，饿怒已经爆发了。到家时，他会踹门，对妻子、孩子们满腹牢骚。妻子准备了一顿健康的晚餐，可托马斯却因吃零食影响了食欲，妻子对此也很生气。

**3.一个人做饭太麻烦**

克里斯汀娜的丈夫一周要上三天夜班。晚上丈夫在家时，她会为两人准备一顿健康的晚餐。但独自一人时，她就会想："为自己做一顿饭？那太麻烦了。"于是，她往往只吃一碗麦片或几把用微波炉做的爆米花后就去睡觉了。

结果就是，克里斯汀娜饿着肚子或心怀不满地上床睡觉了。第二天早上醒来时，她饿极了，这就引发了一整天在饮食方面的恶性循环。

**4.节食太难**

萨拉正努力做到产后减重 9 千克。她尝试过多种节食方法，有些流行的节食法短期内能够见效，但体重很快会反弹。现在，她选择每天早上只喝一杯咖啡，希望能控制住早上的食欲。

结果就是，到午餐时间时她已经饿得不行了，于是放弃了节食，开始暴饮暴食。每天，她都保证之后要吃得更健康，但到了第二天中午，却发现自己还是老样子。

**5.暴饮暴食**

白天，吉尔看起来像是饮食健康的完美典范。但晚上 10 点左右丈夫入睡后，她会备感无聊，觉得有必要释放一天的压力，便去拿一袋薯片或一盒冰激凌，吃咸味或奶油味的零食。

结果就是，吉尔因吃得太多而感到内疚，一整晚都睡不好，这让她度过了艰难的一天，而第二天晚上又会吃更多的零食。

**6.营养缺失**

雷切尔是一名从事养老服务的护士，需要驾车一家一家地去看望老人。她会在路上带些方便在车上吃的食物：糖果、快餐或从杂货店买来的一包饼干。

结果就是，雷切尔的身体仅依靠糖分和加工食品运行，得不到真正的营养。因此，胰岛素水平整天都在飙升，导致她的情绪剧烈起伏。

**7.饥一顿，饱一顿**

乔尔在一家大型服装店工作，从日出到午餐时间，他都在拆卸运输箱。繁重的劳动会消耗大量能量，所以他会吃很多食物，以防下班时饿到发怒。但到了周末，他大部分时间都窝在沙发里，不知道该如何调整周末的饮食。

结果就是，乔尔有时周末吃得太多，但身体不需要那么多能量；有时为了抵消周末暴饮暴食的内疚，工作时又吃得太少。他的身体处于一种持续的混乱状态中，总是游离在吃得过多和过少之间。

**8.分不清什么才是真的饿**

“一天中的任何时候我都可以吃东西，”玛丽说。但这和饥饿感十分不同。多年的节食习惯完全扭曲了她对饥饿信号的理解。如果食物很好吃，她可以一直吃到撑，很难停下来。

结果就是，她甚至不能确定自己是否能分辨出真正的饥饿与不需要一直吃就能满足的渴望之间的区别。

**9.易受环境影响**

劳拉和丈夫已经结婚五年了。“他不担心自己的饮食，”她说，“可我看一眼食物都长胖。”实际上，她丈夫的饮食选择对她产生了很大的影响，他晚上吃零食，她会跟着吃；如果他不吃早餐，她也不吃。不仅丈夫的饮食选择会影响她，工作时如果有朋友午餐点了沙拉，她也会跟着点。

结果就是，劳拉对食物的选择无关自己的饥饿或需求，这让她感到不满足或是吃得过多，也就带来了饿怒。

**10.压力太大**

温迪最近刚离婚，带着患有严重自闭症的孩子一起生活。除去账单和儿子的一些小意外，她每天都要面临新的挑战，忧虑让她无法安睡，生活中充满了现实问题，她也因此对工作中抱怨小事的人缺乏耐心。有时候，她压力太大，一点儿胃口都没有；有时候，她又会过量进食以缓解压力。

结果就是，睡眠及饮食不规律让她的体重不断攀升，健康状况一落千丈，头发也开始变白。

## 选择开心还是饿怒?

成长过程中，我很喜欢读《选择你自己的冒险故事》（*Choose Your Own Adventure*）系列丛书。这是一套儿童读物，你可以在每一页的最后做出选择，决定书中主角的下一步行动：你会因害怕危险动物而想逃离洞穴吗？于是，你把书翻到对应的一页。你想继续在洞里寻找宝藏吗？你又会翻到另一页。该丛书与大多数传统书籍大不相同，读传统书籍时，不论是否喜欢结局，你都要跟着故事的情节走，顺着主线往下读。而在阅读该丛书的过程中，你可以做出积极的选择，扮演更生动的角色。

可惜的是，很大程度上我们选择食物时就像阅读传统书籍，觉得无力改变情节，只能任其发展。但我认为，饮食更像是一套巨大的《选择你自己的饮食冒险》。你有权做出最终选择，比如饮食如何演变及其对情绪的影响。

我们每天都会有各种各样的机会挑选能够将饥饿转化为开心的食物。每次吃东西都是在开心和饿怒之间做选择，而且饿怒并非只发生在吃东西之前。吃到那些无法令自己满意的食物或是饮食过度时，我们同样会情绪低落。但不论是在进餐之前还是之后，饿怒都处于开心的对立面。这里的开心是指食物的选择使我们感到满足并持续享受这种满足感。对我来说，开心并非仅指此时此刻的微笑和欢乐，而是真正心满意足的感受。

每次吃东西，我会问自己一个简单的问题：吃完它会带给我饿怒还是开心？

我希望你也开始问自己这个问题。

举个例子，今天早上，我一手拿咖啡，一手打开冰箱，问自己："好吧，苏珊，早餐吃点什么？"然后，我扫了一眼可选的早餐：预先做好的奶昔，还有一些干麦片。我知道，重要的一天还在等着我：

需要我关注的咨询者，待开的员工会议，而且要陪孩子们练习足球。

我喜欢拿多种不同的食物作为早餐，因此，是否美味对我而言并不重要。

我的关注点是哪种食物能让我保持心情愉悦而非陷入饿怒。

提出这个问题时，我脑海里的画风立刻就变了。我开始考虑另外一些食物，它们不仅能让我填饱肚子，保持精力充沛，还能防止饿怒的产生。要知道，我们忙碌时很容易产生饿怒。一天结束后，还会面临一个类似先有鸡还是先有蛋的问题。它首先出现在与饿怒相关的循环中，是吃得不好了，还是饿怒了呢？这很难讲，到底是吃得不好导致饿怒，还是饿怒导致吃得不好。

我想，拿起本书正是因为你深知不用心吃饭的坏处。也许你曾因没有吃饱而变得憔悴不堪；也许你曾因吃得过多而悔恨、内疚和易怒——多数时候你针对的只是自己。也许，像大多数人一样，这两种经历你都曾经有过。

我无法保证，有一种灵丹妙药能让你全天候专心于饮食。在与数百名咨询者接触后，我了解到确实没有这种药，因为我也曾经尝试管理自己的饥饿。管理饿怒也不存在什么灵丹妙药。它就是一套策略和一种生存方式，可以在任何情况下提供帮助并发挥作用！

首先，我们将从了解饿怒及相关的心理学、生物学和社会学理论入手。一旦了解饿怒症产生的根源，你就会知道饿怒如何直接影响你的生活。你只是偶尔才会与之抗争吗？还是每天都在为自己的饥饿而烦恼不已？本书的出发点就是要让你明白饿怒的影响，之后是一些能帮助你在各种情况下应对饥饿的技巧。

作为一名忙碌的专业人士和孩子家长，我深知时间对咨询者们至关重要。像你一样，他们也已经很忙了，不想再在一天中增加额外的负担。因此，我提出的方法能帮助他们更用心地饮食，并且易于快速掌握，即使日程安排非常繁忙的人也能做到。本书旨在帮助你理解饿怒，并在短时间内找到相关的应对策略。

读完本书，我希望你能明白：饿怒确实是一个值得关注的问题，它能在很多层面上影响你的生活。我希望你不要再责备自己没有用心规划饮食，更不要将其归因为自身的失败，你会发现其实并不是这样。我希望你能用这些正念饮食方法管理饥饿，将其转化为开心。

饿怒是件大事，比我们许多人所意识到或愿意承认的都重要。

但好消息是我们可以应对它。

它在我们的掌控之中。

能不能管理好饿怒，取决于我们的选择。

第一部分

# 认识饿怒

# 从饿怒到开心

我不必告诉你饿怒会搅乱生活，因为有些麻烦其实是很微妙的。我们都知道吃不好让人心烦意乱或迷迷糊糊是什么感觉。但生活中，饿怒还会在很多重要方面产生影响，我们可能根本没意识到。它会让我们做出愚蠢的决定，在重大时刻扼杀掉好心情。如果任其发展，它还会破坏家庭和职场关系，大多数人都曾亲身经历过上述情况，研究也证实了这一观点。科学强调了转化饿怒的重要性——将其转化为开心应得到优先考虑。我曾无数次听咨询者解释为什么其他事情远比管理饿怒更为重要，但我认为，研究结果会让你三思而后行——它确实让我把饿怒管理放到了优先考虑的位置！

## 远离饿怒可以带来更愉悦的关系

根据研究，饿怒会在什么方面带来最大的麻烦呢？关于饿怒，有一篇极为著名的文章，这也是第一个真正激起我兴趣的研究。文章表明，它对我们的亲密关系构成最大的威胁。[1]

美国俄亥俄州立大学的这项研究引起了我的兴趣。一方面，这是我读过的第一个使用诅咒人偶的研究！另一方面，研究对象是已婚夫妇（这并不常见，研究对象通常是老鼠或大学生）。而且，这项研究切切实实地观察到了每天发生的事情。

研究过程很简单。21 天里，研究人员观测了 107 对已婚夫妇的血糖水平，还给参与者派发了象征自己配偶的诅咒人偶。为了检测攻击的冲动，研究人员要求，如果参与者对配偶感到失望，可每天晚上在诅咒人偶上插针，还可以通过耳机向配偶发出巨大的噪声。研究发现，血糖水平较低的参与者在诅咒人偶上插针更多，他们痛斥配偶时发出的噪声分贝更高，持续时间也更长。

我不知道这个研究是否有点极端。用大头针戳诅咒人偶是一回事，但用尖刻的话语中伤伴侣是另一回事，这会伤害他们的自尊或是激怒他们。所以，我私下向人询问："饿怒有没有影响过你和别人的关系？"

我收到的第一个回复来自朋友 JT，他写道：

有饿怒这么回事吗？

根据我的经验，的确是有的。

我曾和一位女士约会，她长相甜美，对身边的人体贴入微，能包容我的许多日常怪癖和缺点。

但她只要一感到饥饿，所有好的品质都消失不见了。她陷入饿怒，变成连自己都讨厌的样子，我不想和这样的她待在一起。

我们交往了两个月，感情稳定，极有可能相互托付终身。

某个星期天下午稍早时，她饿着肚子来到我家，很快就陷入饿怒。

我主动邀请她出去吃饭，一上车却被她冷眼相待，好像我是个白痴，因为没有一架能更快到达目的地的直升机。

我们到达餐馆后发现，至少需要等20分钟才能入座。

“你还想去哪儿吃？”我问她，“我带你去。”她回答：“我不知道，去你想去的地方吧。”

迫于时间压力，我挑了另一个我们去过且两人都喜欢的地方。停好车，我看到餐馆里并不繁忙，预计15分钟内我们就能吃到东西。谢天谢地！可下车之前，她却说：“我没心情吃他们做的任何东西。”

两次饿怒的爆发说明，我需要尽快喂饱这个女人。我出汗了，害怕得说不出话来。

我们坐在车里，我提了一些建议。

“意大利面馆怎么样？”“不行，我从来没去过那儿。”

“卡津风味的呢？”“我不爱吃辣。”

“那你有想去的餐厅吗？”“没有。”

那一刻，我想起她来之前我在做什么。那是一个天气不错的周末，我心情很好，打算在家里看比赛打发时间，日子过得可真是惬意。

可此刻，很明显我既沮丧又愤怒，于是，我给一家三明治店打电话订了外卖。

我们相安无事地回到家里。

她吃了三明治，我没再说过一句话。

然后，她开始哭泣。

她向我道歉，说再也不想那样对我了，她说自己经常需要应对饿怒的困扰。

但我忘不了她因饿怒展现的样子，因为已经发生了好几次。一个人若因错过一顿饭或餐馆上菜太慢而饿怒频发，我很担心能否和她经营一段长期的关系。

之后我们交往了一年。有很多导致我们分手的原因，很大一部分与饿怒无关，但回想一下，饿怒却是其中的关键。仅仅因为你重要的另一半饿了，你就应该被那样对待吗？绝对不行。

**我们经常想到饥肠辘辘会如何影响自己，却忽视了自己的饮食习惯会如何影响周围的人。说到底，我们如何照顾自己会对周围人产生巨大的连锁反应。**

我为饿怒时说过的那些话感到抱歉……

布鲁克和妹妹杰姬打算一起去买结婚礼服，杰姬是特意从芝加哥飞来帮忙挑选完美礼服的。这将是马拉松式的一天：杰姬周六才能到城里，第二天就要飞回去，于是她们预约了城里最漂亮的三家婚纱店，打算一家接着一家试穿。

每到一家婚纱店，杰姬都不知疲倦地在试衣间和展示区跑来跑去，不厌其烦地帮姐姐拿礼服。布鲁克试穿了梦想礼服——每一件A字形高腰款。在最后一家店里，她们终于选到了心仪的礼服。

姐妹俩凯旋时已筋疲力尽。她们瘫坐在布鲁克家客厅的椅子上，开始畅谈过去的时光，设想杰姬的伴娘礼服。杰姬回忆起小时候妈妈是怎么打扮她俩的。两个女孩并非双胞胎，但只相差18个月，所以妈妈把她们打扮得一模一样，直到她们长大能够自主挑选衣服。

这本应该是一次对往事的愉快回忆，但随后谈话迅速发生了意想不到的变化。泪水从杰姬的脸颊上滑落，“你太自私了，”杰姬对布鲁克说，“你总是穿我的衣服。你是妈妈最喜欢的孩子，穿最好的衣服，她还总喜欢带你去购物。”

布鲁克是个好姐姐，她沉默了片刻，这次谈话真的是关于 4 岁时挑选的衣服吗？不是的，布鲁克意识到。这是饿怒造成的强大影响。她曾目睹妹妹在吃得心满意足后，情绪上有许多不同之处。当然，布鲁克自己时常也会在饥饿时对食物极度渴望。

布鲁克不想陷入杰姬的负面想法中，那会让事情变得更糟糕。她们刚刚度过了美好的一天，她也知道自己能够改变话题方向的希望十分渺茫。

于是，她看向妹妹，随口说道：“去吃点东西吧，我想咱俩都累了，脾气也不大好。”

布鲁克径直朝冰箱走去，猛地打开，快速翻找着。然后她拿着酸奶跑向妹妹，就像医生在紧急情况下传递输液瓶一样。她们每人喝了一杯酸奶，还没等她反应过来，陷入饿怒的杰姬就不见了，布鲁克自己的心情也好了许多。每吃一口，杰姬就活跃一分，重新找回了自我。她有趣的那一面又回来了——还是那个开心享受日子的杰姬，姐姐的造型师。

吃了些东西后，杰姬便为刚刚脱口而出的话向布鲁克道歉。她承认，她刚刚察觉到一阵因饥饿产生的愤怒，但并没有意识到购物是饿怒产生的罪魁祸首，因为购物出奇地令人亢奋，也让人筋疲力尽。

“我们应该在逛第二家和第三家婚纱店中间休息一下，”杰姬坦白道，“那样就不会在家里情绪失控了。”

两姐妹从这件事中吸取了一些教训。下一次，在进行高强度购物活动前，要补充点能量，另外聊天之前也要吃好，尤其是在容易情绪激动的日子。

两姐妹把这些经验也用到了婚礼上。杰姬认为，婚礼的当天早上让大家补充点能量是非常重要的，这样可以防止有人发脾气。一些古老的闹婚风俗随时可能触发紧张情绪，因此，婚礼一开始就是情绪高涨的时刻，她们不想冒让整个家族饿怒爆发的风险。

在这个重大的日子里，她们无法掌控一切，但可以从好好填饱大家的肚子开始。因此，杰姬在婚礼前准备了一顿富含蛋白质的早餐，并在仪式和接待宾客间隙以及拍照期间备了一些零食。结果，婚礼进行得非常顺利。

时至今日，谈及饿怒事件，姐妹俩还会相视而笑——谢天谢地。

### 成长环境对饿怒的影响

梅拉妮告诉我：“我丈夫生气时，会毫无顾忌地拿我出气。”她的丈夫因饿怒而痛苦挣扎时，不仅她会受影响，方圆四五十米的人也都会知道。那段日子里，梅拉妮努力体恤丈夫，但他毫不领情。她没吃好，丈夫会指责她“难搞”，却不去处理自己的饿怒，这让梅拉妮很是烦恼。

“他为什么会这样？”她问我。

我的想法是：受成长环境的影响，有些人在饿怒时可能更容易表达不满，表现出攻击行为会令他们感到愉悦。而梅拉妮来自视冲突为大忌的家庭：一句冒犯的话就可能导致其沉默相待。当饿怒发生时，生在这种家庭的人会有内疚感，愤怒情绪隐忍不发，或者以隐秘的方式发泄出来。梅拉妮根本就不会直接发火，她有一个私密的笔记本，写满了一页又一页愤怒的想法。里面的内容是梅拉妮不曾直接表现出来的，既真实又毫无掩饰。

但我的另一位咨询者，来自纽约的一个“无言语过滤型”家庭，曾因路怒被警察传讯。他饿怒时，会毫不犹豫地在路上大打出手，或者破口大骂。这两个咨询者之间的区别不仅在于饿怒水平，一定程度上也受到性格、家庭背景和文化的影响，这些因素决定了他们表达负面情绪的舒适程度。

## 远离饿怒可以带来更好的决策

研究人员还发现，饿怒不仅破坏人际关系，还会极大地影响决策能力。试想，囚犯出狱的概率有可能取决于法官是否饿了。

在一项针对以色列法庭的研究中，来自美国哥伦比亚商学院的乔纳森·列瓦夫和同事们分析了由 8 名法官主持，为期 10 个月，共计 1 112 次的假释听证会。[2] 一天当中，法官们会有三场庭审，每次庭审中的数次休庭都可以进餐或是吃些零食。法官可以选择休庭的时间，但无法控制接手的案件的类型或是次序。

审讯初始，囚犯有 65% 的假释概率。一场庭审结束时，假释概率几乎降至为零，而在法官吃些小食休息后，这一概率又会回升至 65%。精神疲劳可能是造成这种情况的部分原因。当我们感到疲惫时，就会选择最不费力的决定。因此，当法官疲惫时，可能容易受到情绪波动的影响，从而导致假释的概率降低。

研究人员指出，饥饿和低血糖也会导致精神疲劳。进餐过后，法官们的判决发生了明显变化。大多数情况下，他们在饥饿时会变得更加不近人情。一想到命运可能取决于法官是否进食、休息，就会令人瑟瑟发抖。不过，这可能会给我们一些提示，该什么时候向老板或其他重要人物寻求帮助呢？就在午餐过后（请不要在午餐前提出任何重大请求）！

对于法官的判决，研究员安德烈亚斯·格洛克纳给出另一种解释。[3] 他认为，法官倾向于把简单的案件安排在上午，而这可能会导致更严厉的判决。如果他们把较为复杂、耗时较长的案件安排在上午，就很有可能占用午餐休息的时间。

直到一天结束时，我们也无法确定是什么导致法官做出更为严厉的判决，原因可能十分复杂。但有一件事是明确的——对法官或任何人而言，空腹时做出重要决定都是不可取的。我就不想在午餐前面对法官，你愿意吗？

在针对 42 项有关低血糖对思维影响的研究所做的元分析中，研究人员考察了决策的四个维度：支付意愿、工作意愿、耐心程度和决策风格。他们发现，在与食物相关的情境下，低血糖或饥饿感提高了人们的支付意愿和工作意愿。换句话说，当人们感到饥饿时，他们会不惜一切代价去获取食物——投入一大笔钱或是为手头的工作付出努力。然而，当任务与金钱无关时，无论何种情形，在饥饿状态下人们为任务投入金钱或付出努力的意愿就没那么强烈了。例如，你在商场里饥肠辘辘，就不太可能去费力寻找不同尺寸的衣服，或者花高价买一件你想要的衬衫。此外，血糖水平较低时，人们会对选择食物很不耐烦，但在做出与金钱相关的决定时，就比较有耐心。

血糖水平低也会使人更倾向于靠直觉选择食物，而不是深思熟虑。我们都明白这个道理！这就是问题所在。感到饥饿时，我们不会停下来认真思考，而只会抓住眼前第一样东西。总的来说，血糖水平低会影响决策，尤其是有关食物的决策。

不要在饥饿时做出重要决定的另一个原因是食欲刺激素（一种胃肠道激素）。食欲刺激素是饭前释放的一种激素，能够增强食欲，而且对决策和冲动控制都有负面影响。为了更好地了解其作用，研究人员观测了老鼠体内食欲刺激素含量增加会产生什么影响。他们发现，将食欲刺激素的水平提高到模拟老鼠感到饥饿的状态时，老鼠表现得更加冲动。这些老鼠都接受过训练，它们只要不按压杠杆便可获得奖励。但是，当食欲刺激素水平很高时，老鼠很难控制住自己，尽管这意味着它们要失去奖励。[4] 这说明我们冲动之下做出的决定和行动永远不会是最好的。

## 远离饿怒可以促进智力提升

“我明天要参加 ACT 考试（美国大学入学考试），”高中生贝姬对我说，“我太紧张这个考试了，分数可能会影响我未来能否成为物理治疗师。我一定要睡个好觉，还要吃一顿真正健康的早餐。”

我恰巧知道贝姬几乎每天都不吃早餐，于是我停顿了一下，问她为什么有此打算。她不假思索地说：“我考试时可能会更加专注。”

我必须委婉地指出，这种情形十分讽刺。贝姬充分认识到某一天吃一顿丰盛早餐的重要性，她做梦也不想饿着肚子或吃得不好就去参加考试。在她心中，二者间关系极为明确，即“早餐 = 更加专注”。但是，难道在日常生活中专注就不重要吗？贝姬每周都会在学校参加关乎未来的重要考试，每一个决定都需要她全心投入。为什么只有考试那天才值得努力，而不是每一天呢？

我说这些话时，贝姬笑了。

“我从没那样想过。”她说。

贝姬不是特例，饿怒对大脑的影响在学生身上体现得尤其明显。近期剑桥大学的一份报告综合了多项研究，发现了一个共同点：这些研究表明，早餐不规律的孩子，在学校表现也不好。不吃早餐，孩子们的认知能力、情绪和头脑敏锐度都会受到影响，此外，他们确实需要更多的睡眠。但遗憾的是，20%~30% 的儿童和青少年仍然不吃早餐。[5, 6, 7] 鉴于吃早餐有助于提高记忆力，并能改善认知测试中的表现，[8] 他们不吃早餐这点着实可怕。

我们从食物中摄取葡萄糖来为大脑提供能量，研究表明，葡萄糖有助于增强识别记忆、改善视觉空间功能（大脑操纵二维和三维物体的能力）、加快处理和反应时间、强化工作记忆、提升解决问题的能力和注意力。[9] 哇！这些都是我们征服一天所必需的！

大多数人也可以引用自己的“研究”来说明饿怒对决策的影响。咨询者们一次次承认，他们会因饿怒时做出的决定而后悔：从吃点垃圾食品草草应付到在工作中和家里犯一些愚蠢的错误。《城市词典》（*Urban Dictionary*）一书收录了“愚蠢饥饿”（dumb hunger）一词，并将其解释为“饿到无法做出决定”或者做了一个愚蠢的决定，比如在加油站吃烤热狗，或是为了吃午餐而错过一个重要会议。之后你会完全后悔做了那个决定。

在谈论饥饿和希望重新做一次决定时，斯蒂芬妮尴尬地提到她的菠萝裙。在衣橱最里面，斯蒂芬妮挂了一件浮夸的黑色连衣裙，上面缀满了鲜艳的黄色菠萝图案。当初她买这条裙子是为了去墨西哥度假，但如今已挂在那里很多年了，标签还没有剪。她之所以没丢掉，一部分原因是她难以相信自己真的买过这么难看的衣服，另一部分原因是这条裙子就像一个警告。她解释道，裙子是在一次购物之旅中所得，当时她正遭受着饿怒的折磨。她清楚记得当时的想法：“不管了，我要饿死了，就这条吧。”你有过这种经历吗？在饿怒发作时买东西，事后又后悔。

虽然我是一位心理学家，整天和饿怒打交道，但当我饿怒时，也会不由自主地做出一些愚蠢的决定。几年前，我在加利福尼亚州做了一场关于正念饮食的演讲。我是整个专家组最后发言的人，而在我之前的医生们的演讲一直在持续——时间比预想的长了两个小时。演讲终于结束，走出房间时，我意识到自己已经饿得不行了！肚子咕噜咕噜直叫，头也很疼，但我马上就得奔赴下一场演讲。

绝望之下，我打开了手提袋，翻到底部，发现了一袋什锦干果——

时间太久了，几乎全成了干果碎屑。我开始问自己一系列问题，想立即制止自己的行为：“这些东西到底放多久了？它们怎么会在包里？”

我记得是几星期前把干果打包好的，那时准备去看望双胞胎侄子和侄女。然而，饥饿的力量压倒了维持完整自我的打算。我放弃了，把袋子里的干果统统吃掉了。

吃完后我几乎立刻就后悔了，我不爱吃什锦干果。在任何情况下，我都不会吃孩子们的零食，它们对缓解饥饿毫无益处。我本应根据经验制订一个更好的计划：我曾参加过近 100 场会议，话多的演讲者几乎总是超出预定的时间限制，我本应事先准备好一份好吃的零食。

我的咨询者也跟我讲述了类似的故事，结局是一样的。通常情况是，不管喜欢与否，我们太饿的时候就会随手拿起手边的东西吃，比如休息室里不新鲜的甜甜圈或冰箱里的熏肠。

饿怒让我们进入食物搜索模式。这是一种基本的生理反应，如果控制不住，随之而来的就是后悔、沮丧、体重增加或健康问题。

乍看之下，饥饿似乎是一件很容易被忽视的小事。饿怒看起来像是笑话里的笑点。但正如我们所见，该研究清楚表明，从处理人际关系到每天大大小小的决定，饥饿对每件事都会产生很大影响。

## 远离饿怒可以降低内疚感

控制好饿怒的一个极大的好处就是避免因过量饮食而产生糟糕的感觉。当你极度饥饿时，下一餐或零食往往不是你最佳的选择。

“我感觉糟透了，真希望没有吃那个。”

这是“饱腹性悔恨”人士的口头禅。饿怒和饱腹性悔恨都会导致严重的不良情绪。研究表明，过量饮食或吃某些特定食物（甜食和巧克力）的人通常会表现出羞愧和内疚。[10]

不幸的是，即使吃一点点巧克力也会令人产生内疚感。37名身体健康、体重标准的女性中，有的吃了巧克力棒、苹果，有的什么都不吃。她们分别在进食之前和进食之后5分钟、30分钟、60分钟和90分钟对自己的感觉进行评估。结果显示，巧克力和苹果都能降低饥饿感，改善情绪，提高能量水平。然而，吃了巧克力之后，一些女性会感觉良好，另一些却会感到内疚。

如果吃少量的巧克力就会让你感到后悔，那么不难想到吃太多的巧克力可能会使你产生强烈的饱腹性悔恨。这不只是过量进食导致的身体浮肿、肥胖和困倦等生理反应，还源于没有正念饮食带来的糟糕感觉。做了决定却又反其道而行之是让人感觉最糟糕的事。关键是吃适量的巧克力，既能满足自己，也不会让内疚感左右自己的决定。

原谅自己在产生饱腹性悔恨时说过的话。

我们研究了没有吃到足够的食物时会出现的情况。但是，当饿怒导致我们吃得过多时，又会发生什么呢？

凯莉和我分享了她的一天。一大早，她的丈夫去了当地的面包店。一向节俭的他买了一打（12个）特价甜甜圈。那是她的最爱：传统釉面甜甜圈。他记得这一点，这说明挑甜甜圈时他想着她。

丈夫和两个孩子每人吃了一个甜甜圈，然后分别去上班、上学了，留下她一个人和 9 个甜甜圈。

“甜甜圈在盒子里‘盯’着我，”她告诉我，“还热腾腾的，闻起来就像整个面包店都在厨房里。”离她出门上班还有 15 分钟。“我本来只想吃两个，”她说，“通常，我会吃一个或两个，再吃点水果。”

凯莉喝了一杯咖啡，吃了一个甜甜圈，甜甜圈在她嘴里融化，味道好极了——甜蜜和黏黏的口感简直完美。不知不觉中，第二个甜甜圈很快就被消灭——太快了。她把第三个甜甜圈掰成两半，对自己说：“再吃一半就好了。”但吃了一半之后，她又把剩下的掰下一半，然后索性把最后的 1/4 也放进了嘴里。她想，反正也只是一小口，还留着干什么呢？

甜甜圈太好吃了，她又拿了一个当下午茶。但在开车去上班的路上，喝了几口咖啡后，她意识到自己又在啃甜甜圈。

开始工作的时候，凯莉因为喝了太多咖啡、吃了太多甜食而神经紧张，过度兴奋，心里一直在想早上要做的报告。她的的确确感觉到了身体的紧张，为自己吃了最后一个甜甜圈而备感自责。那是前三个甜甜圈在作祟，其实她根本不想吃第四个！这是怎么回事?她想知道。凭感觉她知道自己吃得太多了，一点也不舒服。

凯莉想：“我是个聪明的女人，每天都在做决定。那为什么我就不能坚持自己的决定，只吃两个甜甜圈呢?”这个问题一直在她脑子里不断重复出现。“我怎么能滚雪球似的吃了 4 个呢？！”

当她迅速穿过大厅走向办公室时，她能感觉到自己的怒气在不断上升。其他人也感同身受。她的员工像蟑螂一样四散，逃进各自的办公室，希望能躲开她。她的连衣裙很紧，这只会让心情更糟，让她产生消极的想法。

11 点，前台的同事拿出剩菜，用微波炉加热。当她在办公桌前开始吃的时候，泰国菜那股浓烈的咖喱味飘向凯莉。

凯莉双手重重地拍在桌子上，站了起来，大步走向这位同事，开始大叫："整个接待区都是咖喱的味道！"凯莉咆哮道，"别人还怎么工作，还有什么效率可言？"

前台的同事惊讶得直往后缩，尴尬地抓起外卖盒跑向休息室。

凯莉回到办公桌，开始生气地在电脑上打字。但当她停下时，她意识到自己和同事说话的方式很糟糕。她是真的讨厌咖喱的味道吗？不是，她是喜欢的。真正让她感到不舒服的是自己的身体和那条紧身连衣裙。她明显感受到了饱腹性悔恨的后果。

凯莉紧咬下唇，神情尴尬地向我讲述了这件事。

她说，那天晚些时候她才感觉好了一些。于是她找到同事，表达了歉意。她告诉同事，那一整天她都过得很糟糕，但这并不是之前以那种态度说话的理由。

那次的经历使她体会到了饱腹性悔恨产生的强大影响，她告诉我："那样的我脾气坏透了，毫无理由地生气，暴躁易怒得可笑。"她的这一面不仅出现在工作中，也出现在家庭生活中。凯莉身边的大部分人都不知道她的怒气是受到食物选择和身体因素的影响，他们都以为她这个人就这样。

好消息是故事的结局还算不错，凯莉尝试了本书推荐的饿怒管理技巧，掌握了决定吃几个甜甜圈的方法，并坚持了下来。最重要的是，她学会了毫无怨言地享受所有用心挑选的食物。

可见，饿怒的到来并不仅仅是因为进食不足。凯莉的故事表明，过度进食和进食不足同样会引起不适和难过。我的一些咨询者有时甚至会承认自己非常消极的一面，比如“吃得太多时，我会厌恶自己，反感周围的一切”。

有些愤怒是由过度进食引发的生理反应，比如因为吃得太撑，肚子鼓胀胀的；但我们也会因失控而备感愤怒。没有人喜欢做了决定而不去坚持，当我们无法将某事坚持到底时，我们对自己的失望就会滚雪球般地转变为罪恶、悔恨、羞愧等感受。而饿怒管理项目就是要帮助人们战胜这些不良感受！

无论饿怒症的表现形式如何，无论它是由进食太多还是太少引起的，这一部分都已阐明饿怒对我们毫无益处。

想一想饿怒对你的影响。它在哪个方面影响最大？你的决定？人际关系？它是令你失去理智，怒气冲天，还是让你无法保持头脑清晰？

现在，从另一方面想想，正念饮食将如何改善生活？花一点时间好好想象一下，远离饿怒会带来哪些益处？如果如你所愿地去吃东西，又会有什么不同？看到这里，你是否喜欢这些内容？如果是，请继续看下去。

# 了解饿怒：从何而来，为何而生

为什么我们会轻易对所爱之人加以批评指责或是因为一点小事就大发雷霆，难道就因为饿了吗？能轻易吃上一份简单、健康的小食时，我们为什么要忽略饥饿而设法熬过一天呢？这中间发生了什么？饥饿为何能引起强烈的情绪波动？

非常简单而基本的答案是，我们感到饥饿时，血糖水平会下降——有时甚至是急剧下降。而低血糖会使我们变得更具攻击性，这是正常且自然的生理反应。在穴居时代，人在饥饿时富有攻击性是件好事，它会促使人全心投入与动物或是其他人类的搏斗中，从而获取一份食物。那个时候，饿怒的人存活的可能性更大。但现在，你很快就会了解到，饿怒比血糖水平下降要复杂得多：它是激素、身体各项机能以及心理状态之间相互作用而形成的复杂结果。

### 4种可能引发饿怒的饥饿类型

饥肠辘辘并不总是我们进食的主要原因。产生饥饿感的原因各不相同，有时是生理原因，有时却不是。不同种类的饥饿引发不同类型的饿怒，因此需要不同的方法进行管理。

所以，在陷入饿怒前，重要的是了解你要应对的是哪类饿怒。

**身体觉得饿了。**这是生理性饥饿：你已经很久没有吃东西了，肚子开始咕咕作响。你感到疲惫。吃不饱，吃不好，或是吃得过多，身体都会感知到。这些属于饮食的生理性因素。

当身体上的饥饿转化为饿怒时，你会感觉急躁、易怒。

这时候，你的想法是："我要饿死了，都给我让开，我要吃点东西！"

**大脑觉得饿了。**这种饥饿始于大脑。有时饥饿并非生理性而是心理性的，通常被视为一种渴望。比如，隔壁房间的巧克力碎玛芬蛋糕让你蠢蠢欲动，或是你整天幻想着能吃上热乎乎的纽约式意大利香肠比萨。

当这种饥饿转化为饿怒时，你会感觉自己渴望某种特定的东西，而不仅仅是通常意义上的营养。如果没有得到的话，你会感觉失去了什么或者感到失望。

这时候，你的想法是："我真的很想吃这种东西。"

**内心觉得饿了。**这种饥饿由一种情感触发。可能是积极的情感（比如想要继续的愉悦），也可能是消极的（比如压力、焦虑或是无聊），想要通过食物来缓解。无论是哪种情感，这类饥饿都并非因身体所需产生，而是情感的需求。

当这种饥饿转化为饿怒时，你会想得到一时的安慰或产生逃避负面情绪的冲动。但满足此类饿怒通常会使你感到懊悔和内疚。

这时候，你的想法是："我需要巧克力。"

**手觉得饿了。**这种饥饿并非生理性的，而是由无聊和近在手边的食物触发的，是它们的外观和气味触发了感官的反应。比如，你路过一家商店时，闻到了很棒的肉桂卷的味道，或是在办公室的休息间看到一盒摆放精致的巧克力曲奇卷，突然间，你会想马上吃到这些小点心。其实，你不过是想嚼点东西而已，并不是真正的生理上的饥饿，只是因为食物唾手可得。

当这种饥饿转化为饿怒时，你会察觉到：感官异常地敏锐，整个身体都在做出反应，流口水，闻食物的香气或是目不转睛地盯着食物。你的手还会不自觉地伸向食物，因为它刺激着你所有感官——仅仅因为食物就在那里。

这时候，你的想法是："它就在我面前啊，样子和气味都棒极了。"

## 影响饿怒的三种生理因素

如果我有一根魔杖，那么我要做的事情有很多，其中之一就是把人们针对自己和饮食的指责一扫而光。比如，"我怎么会蠢到吃那个？我并不是真的很想吃"，或是"我其实知道不该再点一块布朗尼蛋糕，我真是个白痴"。

可是我并没有让想法成为现实的魔杖。但我确实掌握了一些极为可靠的资料。资料显示，饿怒并非个人失败的行为，而往往是纯粹的生理结果！想一想身体里究竟发生了什么，你就会理解经常产生饿怒的原因以及提前了解它的重要性。饿怒完全是一种正常且自然的反应，受许多生理因素驱使而产生。此处，我将对其中尤为突出的三个因素加以解释：血糖失衡、应激激素皮质醇以及影响食欲的烦人的神经肽。

### 1. 血糖

饿怒的第一个成因就是血糖水平的波动。吃东西时，你的身体会从食物中摄取大量营养素——蛋白质、脂肪以及碳水化合物，并将它们分解成更小的化合物，主要是氨基酸、脂肪酸和单糖。这些化合物将会被输送到身体各处，满足我们所有的能量需求，从最基本的呼吸到更为剧烈的活动（如跑步 10 千米或是参加一场考试等）。一段时间没有进食的话，血糖水平就会下降，身体需要的能量就得不到满足，机能就会失常。

葡萄糖是身体的主要能量来源，因此，低血糖极易导致虚弱乏力、暴躁易怒和注意力不集中，尤其是在你不得不撑过忙碌的一天时。两餐之间的时间间隔越长，葡萄糖在体内血液中的循环就越少，那么供给身体运转的能量也越少，就像开着没有汽油的车一样。

大脑运转同样需要葡萄糖，因此只有葡萄糖供给充足，其工作状态才会达到最佳。不仅葡萄糖的含量很重要，来源也同样重要。吃巧克力或纸杯蛋糕会导致身体能量激增，但不会持续太久，因为巧克力和纸杯蛋糕中的单糖很快将葡萄糖释放到血液中，提供约 20 分钟的警觉期。随后，瞬时获得的高水平糖分消耗完毕，血糖水平将快速下降，我们会感到焦虑不安，无法集中注意力。

## 能量消耗

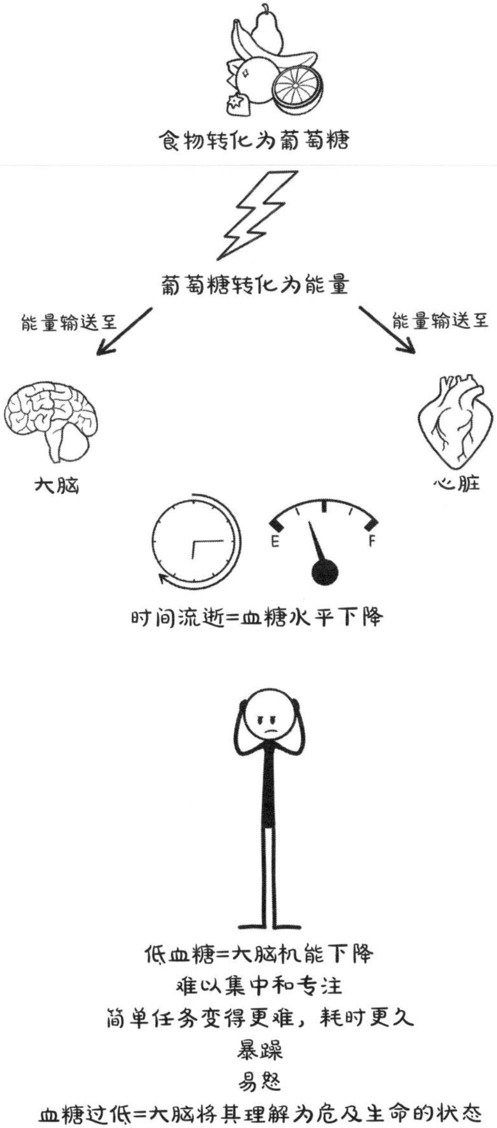
食物转化为葡萄糖
葡萄糖转化为能量
能量输送至
能量输送至
大脑
心脏
E
F
时间流逝=血糖水平下降
低血糖=大脑机能下降
难以集中和专注
简单任务变得更难，耗时更久
暴躁
易怒
血糖过低=大脑将其理解为危及生命的状态

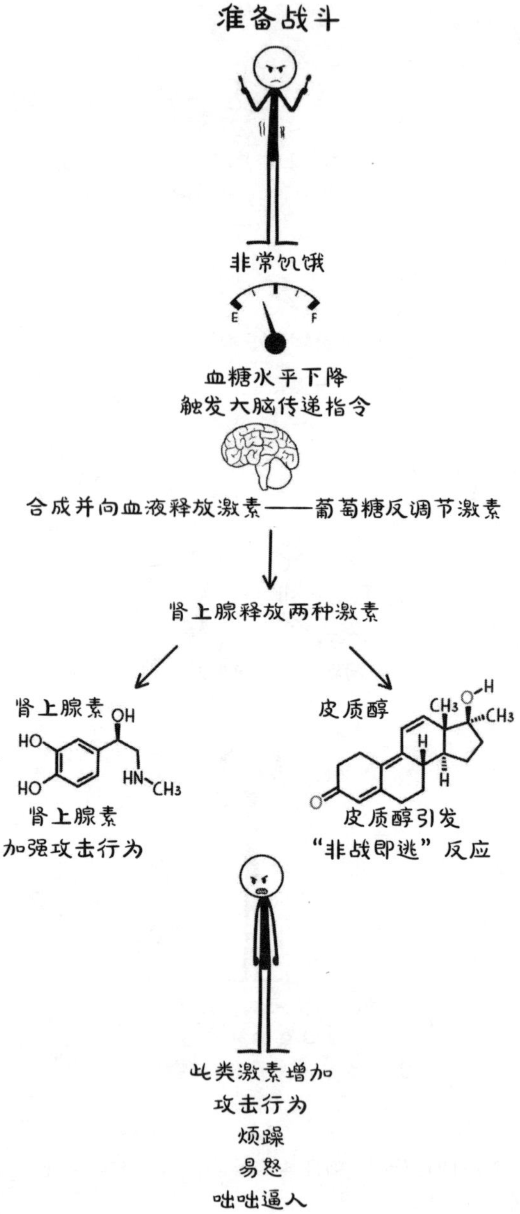
准备战斗
非常饥饿
E
F
血糖水平下降
触发大脑传递指令
合成并向血液释放激素——葡萄糖反调节激素
肾上腺释放两种激素
肾上腺素
OH
HO
HO
HN
CH3
肾上腺素
加强攻击行为
皮质醇
CH3
O
H
CH3
H
H
O
皮质醇引发
“非战即逃”反应
此类激素增加
攻击行为
烦躁
易怒
咄咄逼人

但是，如果食用慢代谢的碳水化合物，如富含纤维的食物（全谷类、坚果和浆果），等量的葡萄糖将会在更长时间内释放出来。这就意味着吃完东西几小时之后，我们才会感到精力更旺盛，警觉性更高。

我总觉得体内的血糖运行过程就像汽车的燃料系统。起初油箱里的油快用光时，汽车会给你一个微弱的提示，你需要保持警惕，甚至要多留心一些——油表上油量正在减少。如果你忽视了或是没注意到这点，汽车就会给出更明显的提示，发出“叮”的响声或亮灯以引起你的注意。如果仍然不加理睬，你就可能陷入真正的麻烦，车子会立即熄火，甚至完全停止运转。这时候，你可能就要拼命寻找距离最近的加油站。换句话说，你的胃需要触手可及的任何食物。

### 2.生存方式与应激激素

血糖影响的不仅是精力和注意力。

血糖水平较低时，身体会进入警觉状态。我们的身体就像极其智能的机器，会启动一种防止我们饿死的生存机制。这种生存机制是什么呢？它就是葡萄糖的“备用发电机”。

血糖水平下降时，我们会释放激素，告诉身体要从脂肪和蛋白质中制造更多的葡萄糖，这一过程叫作葡萄糖生成。

起先，一种叫作皮质醇的激素会增加，它会刺激肝脏中葡萄糖的生成，从而使身体充满能量。接着，肾上腺素猛增，可能是紧张、出汗和心跳加速的原因，有时也会伴随着饿怒。皮质醇和肾上腺素共同作用加速心脏跳动，血液泵出加快，从而使葡萄糖在体内更快地游走。

当身体或精神处于高度紧张状态时，人都会做出“非战即逃”的反应。这是我们身体特有的保护机制，是对生活中的压力做出的回应。如果我们在树林里与一头熊对峙，我们需要能获取的所有力量。但在现代生活中，来自工作截止日期、家庭问题、财务问题的压力源源不断地出现，而你是清楚这种情形的。我们会把日常工作都堆在一起，认为身体能够如往常一样继续正常运转，帮助我们完成任务。但如果每天都处在持续不断的压力中，皮质醇水平就会发生一些奇怪的变化。如果压力消失得不够快，皮质醇水平就会“居高不下”。而皮质醇水平太高，血糖水平就会一直升高，从而带来各种后果：糖尿病、高血压或免疫力低下。

所以饿怒不仅会使我们感到沮丧，还让那些必须和我们打交道的人感到失望。如果我们忽视饥饿，长此以往，身体就持续处于失衡和压力状态，这不仅会影响心情，还会危及整个身体系统。

### 3. 神经肽Y

影响饿怒的第三大生理因素是一种你可能从未听过的化学物质，叫作神经肽 Y。这是一种天然的大脑化学物质，会在饥饿时释放到人脑，作用于大脑中的多种受体，包括一种叫作 Y1 的受体。结果是贪婪进食行为的产生。

神经肽 Y 和 Y1 受体有多种功能，它们不仅能控制饥饿，还能调节愤怒和攻击行为。研究发现，脑脊液中神经肽 Y 含量较高的人往往表现出较强的攻击性和冲动行为。[11] 了解这一点可以帮助我们

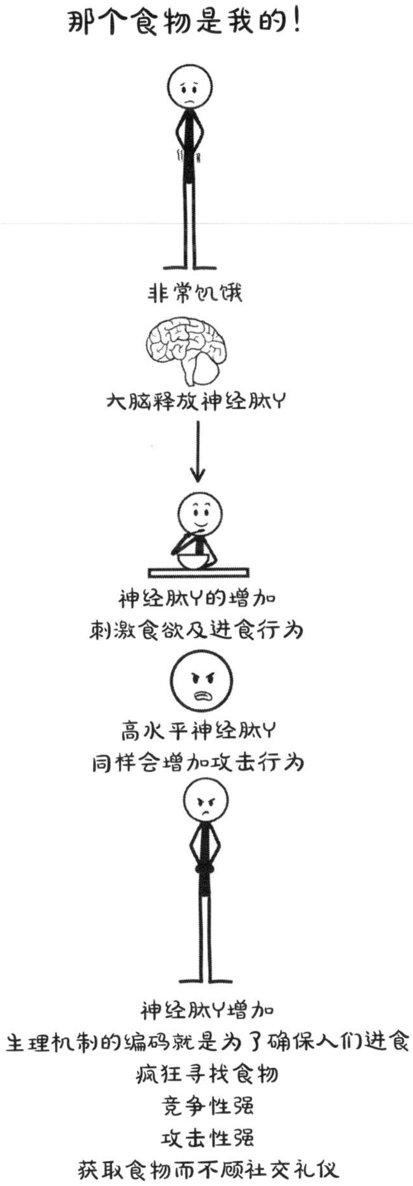
那个食物是我的！
非常饥饿
大脑释放神经肽Y
神经肽Y的增加
刺激食欲及进食行为
高水平神经肽Y
同样会增加攻击行为
神经肽Y增加
生理机制的编码就是为了确保人们进食
疯狂寻找食物
竞争性强
攻击性强
获取食物而不顾社交礼仪

学会与食物互动，更好地应对自身的攻击倾向。

可见，有多种生物途径会使我们在饥饿状态下发怒、暴躁。

虽然生理性因素会促使饥饿转化成愤怒，但心理因素同样发挥着重要作用。

## 情绪：饿怒的通行证

我向咨询者朱莉解释饿怒形成的生理原因时，她双手挥舞，眼珠转动着。

“对，就是这样，都是因为血糖，”她说道，“我丈夫是个旅行推销员，从不在家，家里有 4 个孩子、一个患阿尔茨海默病的 75 岁老人和一个患躁郁症的弟弟。这相当于每人每年让我增重约 5 斤，所以我才这么胖。”

朱莉的说法得到了很好的证实。她的压力值超出了正常范围。

陷入压力性进食也不正常。

之所以出现盲目、过量进食或无法及时满足饥饿感的情况，并不仅仅是因为血糖，与我们自身的感受也有很大关系。

管他呢，我才不在乎自己吃的是什么。实际上：我真的很生自己的气。

我需要用巧克力和糖果来安慰自己。实际上：我很难过。

我想做些什么，也许可以吃点东西。实际上：我很无聊。

我需要嚼点东西。实际上：我需要点东西让自己冷静下来。

我没有胃口。实际上：我承受的太多，压力太大。

每个人都有强烈的情绪，但并非总是知道该如何处理才好。现代社会中，我们很容易将这些情绪封藏起来，所以我们扮演更多的角色，承担了更多。但感知不到自己的情绪，我们又会陷入迷茫和情绪错位的旋涡。

我们错置情绪的主要方式之一就与吃东西有关。我们是否无聊、愤怒、焦虑或开心？尽管没有一种情绪的根源在于食物，但很多时候，我们对情绪的回应就是吃或者不吃。所以学会认知自己的情绪并将其与饥饿区分开来，是通往健康饮食之路的重要一步。

也许你这一天过得真的很糟糕，沮丧不已，所以回家路上买了一袋饼干，然后又在冰箱里发现了冰激凌，便一起吃进了肚子里。几分钟内，你体会到了你所期待的，令人兴奋的幸福感，但这只留存于你吃的每一口食物中，随后就转变成失望、沮丧和悔恨。

抑或是生活太过压抑，所有重要的事情都令你感到无法掌控。但你知道有一件事是可以控制的：你的食量。虽然不吃或是限制热量的摄取能带给你一种短暂的掌控感，但后果是陷入恶性循环，因为当你无法抵抗饿怒带来的身体反应时，你会觉得比以前更加地无助。

从根源上看，这不仅仅是生理因素引起的，情绪状态往往也会影响进食的效果。饿怒是生理因素和心理因素有力结合的产物，它是在体内生理和心理系统的相互作用之下产生的，同时反作用于这些系统。

## 节食：通向饿怒的一扇门

有本经典老派的连环漫画叫《凯茜》（*Cathy*）。主角凯茜一直在节食，却从未成功过，真是可怜！虽然漫画中并没有使用“饿怒”这个词，但她是整个系列中饿怒的象征。拿其中一部来说，周一，凯茜再次开始节食：早上9点，她发誓“再也不吃糖果了”；9点15分，她对两位同事大喊大叫；9点20分，她吃了一个甜甜圈。随着漫画内容的展开，周一之后的每一天都是如此。最后一幅画上写着：“计划进行了三天，我唯一成功做到的就是排斥人类。”

这很滑稽，但很真实。节食者往往表现出很大程度的偏执。他们走进我的办公室，向我讲述有如史诗般的饿怒故事。有时他们也会拿这个开玩笑，但大多数时候他们不喜欢节食时的情绪以及个人状态。

有位咨询者跟我讲了一个故事。她看到办公室里的女同事一起吃掉了一个纯巧克力做的生日蛋糕。她们开心地笑着，讨论着那个浓郁绵密的蛋糕。因为她在节食，什么都不能吃，她其实希望那个蛋糕里满是泻药。可她承认，她关于那些同事和蛋糕的想法都太刻薄了，甚至连自己都惊讶于这些想法。

很明显，节食会严重破坏我们的情绪。如果你一直在限制饮食或采用极端的节食法，你就会了解这一点。这并不是个人的失败或是自己出了什么问题，而是节食对身体和心灵产生的影响。

许多减肥食品都包含通常营养含量很低的低热量食物，比如含有人造成分和甜味剂的低脂产品。这些食品会让你觉得失去了吃东西的权利，而身体却在渴望健康的热量和营养。

正如之前所述，大脑需要葡萄糖才能正常运转。限制自己吃东西时，大脑可能无法获取足够的葡萄糖，因此你很难做到清晰地思考并控制好自己的情绪。此外，大脑需要特定食物以产生血清素。血清素是一种让人感觉良好的化学物质，存在于大脑和其他神经递质中。所以当你限制食物摄入量时，调节你的情绪并让你感觉良好的化学物质就会受到严重的影响！

尝试坚持一个不切实际的节食计划却又无法坚持下去时，你会因力不从心而备感压力，持续的饿怒风暴就会恰逢其时地出现。节食时，仅仅一个简单的食物选择就会让你情绪失控。

节食带来的情绪变化和忧郁心情往往会让节食计划很快告终，承受那种不好的感受真不值得。依据我的个人经验和专业经验来看，心情好的时候，你才会想着吃得更健康并照顾好自己。我曾反复多次分享这一点：放弃节食，不要再想它，用心吃就可以了。

本章中，我简要概述了通往“饿怒镇”（Hangry Town，一个咨询者发明的新词）的不同途径。这是个你不想常去的地方。如果真去了，也请你做个过客，前方有一个更美好的理想之地，在那里你吃的食物会让你感到心满意足。饿怒的根源与体内激素和血糖水平变化密切相关，但这并不是全部原因。你的情绪以及节食行为也会催生饿怒。希望这一章能让你思考饿怒是如何发生的以及它难以被克服的原因。

# 怎样管理饿怒

好消息，饿怒有望改变！

我在前言中曾提到，第一次接触“饿怒管理”这个概念时，我并不知道该如何命名。那时我有两个蹒跚学步的孩子，不饿着他们被我暂且称为“生存”。所有的父母都很熟悉这种做法：每次出门时，我都会在包里装满香蕉、葡萄和脆饼之类的轻便零食，都是随时能拿给两个孩子吃的东西。为什么？每个家长都知道，饥饿的幼童会带来灾难性后果，而一点点零食会如魔法般地让孩子们的情绪回归正常。虽然我当时并没有意识到，但布鲁克和杰克这两个孩子其实正是我的第一批饿怒管理对象。

第一个孩子出生时，我高度警惕，密切观察宝贝女儿早早露出的饥饿迹象。有时她会翻遍我的包，就像那天在教堂一样百无聊赖地找零食。有时，我能看出她开始像花儿一样枯萎，或变得比平时更加挑剔。坦率地讲，在将这些迹象归纳成体系之前，我都在反复试错。我见识过由于错过提示，让她十分饥饿的后果：简直就是灾难！但是整天给她零食，让她嚼东西也并非解决的方法。这会导致饭桌上的战争，她会不和家人一起用餐，哭闹不停。

但整个过程让我很感兴趣，最终我得到一些提示，即在她很饿前尽快给她零食！多数父母在管理孩子的饥饿感方面称得上世界级专家。不知何故，管理我们自己的饥饿提示却是另一回事。

作为一位心理学家，我在成年咨询者身上看到了同样的饥饿效应，和发生在孩子们身上的一样。过度饥饿会在几秒钟内把你从一个完全理性、快乐的人变成一个毫无逻辑的笨蛋。我曾亲眼看见人们如何给自己的夫妻关系、上下级关系和亲子关系带来灾难性的破坏，原因也不过是他们正处于饥饿的痛苦中或是吃得太多引起不适和烦躁。冷静时他们永远不会说的话，甚至不想表达的意思，都能在那种失控状态下脱口而出。而且，向你的另一半解释你说了有史以来最刻薄的话仅仅是因为饿怒发作，这并非易事。

许多人都在谈话或笑话中听到过饿怒症这个词，那在本书中，饿怒究竟意味着什么呢?

简单地讲，饿怒是我们不用心饮食或吃的东西与身体的饮食需求提示不一致时发生的情况。但饿怒的概念也包含饥饿失调的所有形式：忽视食物，情绪化进食，渴望食物，选择不健康的食物或盲目、随意选择食物，过度进食，消耗的食物没能提供足够的营养以产生满足感。

我们都很清楚，不吃饭会导致饿怒。但多数人没意识到，即使吃了饭，饿怒带来的情感和生理影响也会持续存在。那是因为饿怒使我们对食物产生了渴望，尤其是富含盐、糖和脂肪的加工食品，这类食物能提供即时热量，给味蕾带来刺激。我们迫切想吃一顿时，往往很容易找到这类食物，但它们是无法满足身体所需营养的，所以因饿生怒时吃这类食物会形成一个难以打破的饿怒循环。

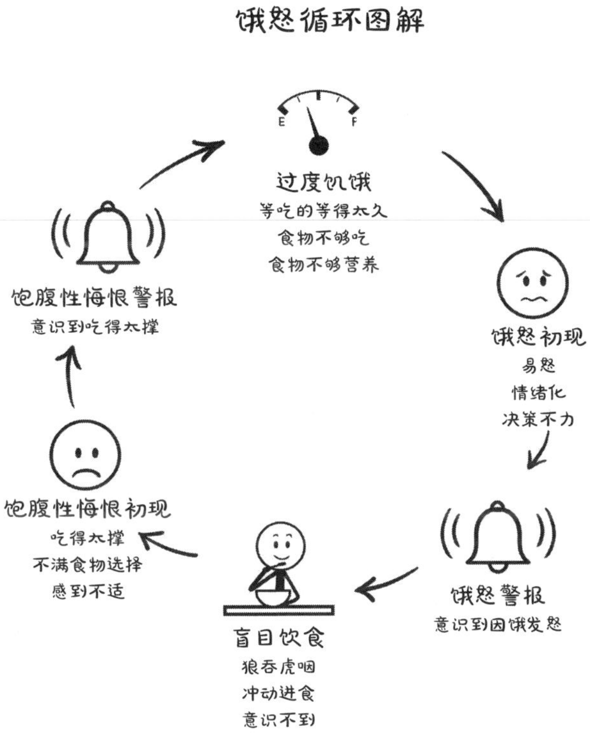


相比之下，正念饮食会产生完全不同的效果。用心选择的食物能给予身心真正需要的能量，会使头脑更清晰，情绪更稳定。换句话讲，一些食物对情绪有益，一些食物则让情绪更糟糕。我要向咨询者传授的是如何调整并区分哪些食物让身体感觉良好。不论你吃什么，比萨、糖果或是橘子，如果能用心吃，效果就会很好。秘诀就是，要了解食物如何影响你和你的情绪。

我给出的总体建议听上去很简单，而且会贯穿全书。用心去吃那些能让思维、心情和身体备感快乐和满足的食物，而不是那些会导致饿怒的食物。

要是做起来能像听上去这么容易就好了。我知道做起来是不容易的，但是请相信我！在接触咨询者的日常工作中，我聆听过数百个故事，并深入临床研究。我已总结出一些技巧和方法，它们让正念饮食

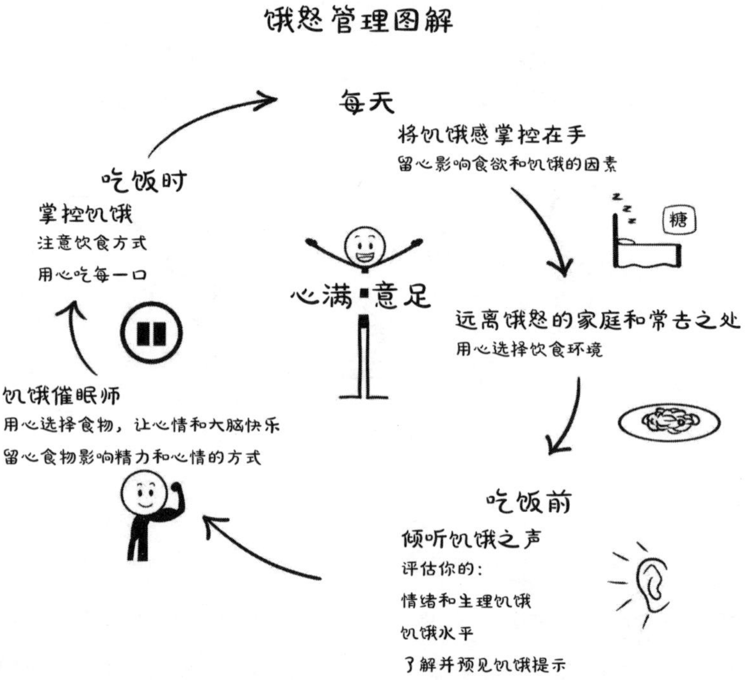


的习惯真正成为可能。

我发现，正念饮食的习惯使咨询者的生活发生了很多改变。他们变得精力充沛，体重得到控制甚至有所下降；他们不再情绪化进食，并与食物建立起更好的关系——将饥饿转化为开心。

饿怒管理是我在线上工作实践中开发和教授的一系列方法和技

巧。经临床证明，它们是可以帮助忙碌的人掌控饥饿的。其实施基于用心专注，顺应饥饿提示，并采取战略性进食方式以防止情绪受到饥饿的破坏。而且，与愤怒管理类似，这一系统可以改善你的生活质量。

你可能想问，我已经写了 8 本关于正念饮食的图书，为什么还准备再写一本（你能看出来我喜欢写书吗）？因为根据个人经验，我知道饿怒管理对幸福来讲有多么重要。

就我而言，读研期间我第一次对正念饮食有所了解，那时我日复一日地研究关于正念饮食心理学。在自学并教授咨询者如何在饮食中认识自己的过程中，我开始深入了解自己的饮食方式和原因。但当我经历人生转变时，一个新挑战的出现让我重新开始专注于正念饮食：我为人父母，工作又非常忙碌，怎样才能领先饥饿一步呢？只有我一人的时候，用心吃东西会容易得多。但当把新的责任加到盘子里（并无双关之意）时，我必须以一种新的方式培养专注力。

我意识到，有时饮食状况不佳会导致养育孩子的压力更大。但若饮食情况良好，有些压力本身是可以避免的。我需要找到一种方法让身体和头脑保持良好的状态，抵御糟糕的情绪，这样才能应对生活给我的挑战。这件事并不能一蹴而就，但最终我掌握了饮食方法，使得生活健康且富有成效。你也可以做到，我见证过这些饿怒管理方法和技巧在各种人身上奏效，同时适用于各种情况。

举个例子，一天，同事走进了我的办公室，猛地一下坐在我面前的椅子上说：“我现在越来越胖了。”他肚子上的肉已经赘出腰带。他一边顺时针揉着肚子，一边告诉我，他很尴尬地承认以前能轻而易举完成的事儿现在要努力才能做到，比如爬梯子清理家中屋顶的排水沟，或是在办公室里抱孩子，这些简单的事情变得越来越难。当他告诉咨询者要吃得好一些，而自己却很难做到时，他觉得自己简直就是个伪君子。

他不喜欢“情绪化进食”这个术语。“妻子说我是压力性进食者，”他对我说，“工作上的压力确实很大，但我没有情绪化进食。”

我告诉他：“我这儿有个饿怒管理项目。”

这对他来说是个新概念。他听过饿怒这个词，甚至还为此窃笑过一阵。但他从没听说过饿怒管理，因为这是我提出的一个概念，旨在帮助传达一种理念，即通过系统的方式解决饿怒症及其引发的一切后果。

他立刻来了兴趣，因为他喜欢有计划的想法。从那一刻起，他的一切都发生了改变。

我们一起讨论了影响他管理饥饿的因素。事实证明，压力是很大一部分原因。时间快进到今天：他已经减掉了小肚腩，但那不是我们关注的重点，重要的是他现在更健康了。更好的一点是，即使某一天压力很大，他的精力水平和食欲控制能力也能令他更开心。食物成了他度过一整天的帮手，而不是妨碍者。

本书提到的方法改变了他的生活。临床实践中，这些方法也改变了各种人的生活，同样会帮助你改变生活。

特别值得注意的是，如果在饿怒管理进行中或结束后仍感到很艰难，那也没有关系，请务必联系具有相关资质的健康专家。有时，你需要额外的帮助来解决这些问题，有时还可能有潜在的医疗问题。

我们已经不是小孩子了，不要被饥饿引发的崩溃支配。我们可以像警觉的直升机妈妈[1]一样快速而有效地识别自己的饥饿信号，也可以在做出反应时让自己保持健康和快乐。

那饿怒管理是如何发挥作用的？

如图所示，饿怒管理完全基于一个简单的转变：从不自主的习惯转向更为专注地谙熟特定的提示，即了解自己何时停止或开始进食。

**饿怒管理的好处**

- 提高生产效率
- 更好地决策并集中精力
- 情绪更加稳定
- 减少情绪化进食
- 体重下降或得到管理
- 正念饮食
- 人际关系变好

## 接下来你将有何发现？

你将在本书中发现什么？

1 直升机妈妈，像直升机一样盘旋在孩子的上空，时刻监控孩子的一举一动。——编者注以下是饿怒管理每部分的简要概述。

首先，你将发现每个技巧都以一个简短的问题开头。这并非有答案的测试，而是帮助你以一种正念的方式自我反省。你可能会发现自己在自言自语："对，这说的就是我，我真的需要注意这方面。"或者你的想法恰好与此相反："这个技巧我已经熟稔于心了。"不论你回答的是什么，对于某一特定的技巧或习惯该如何在自己身上发挥作用，你都将有更深入的思考。

| 饿怒 | 转向 | 开心 |
|---|---|---|
| 不努力——盲目 | | 付出努力—用心 |
| 无意识 | | 有意识 |
| 不太能意识到你的日常习惯如何影响饥饿 | | **将饥饿感掌控在手**：能够意识到日常因素影响饥饿水平 |
| 环境诱使进食而不是出于思考选择进食 | | **远离饿怒的家庭和常去之处**：选择能够让你更用心饮食的环境 |
| 对饥饿不予理会，过度回应或回应不足 | | **倾听饥饿之声**：只有倾听自己的饥饿，才能用心做出回应 |
| 没有意识到所吃食物会对个人感受和身体带来影响 | | **饥饿催眠师**：注意到特定食物对情绪和整个身体的影响 |
| 盲目饮食，察觉不到食物的味道、对身体的影响、进食节奏、饮食环境以及其他因素 | | **改变你的习惯：正念饮食的10个要点**——专注，改变旧模式，享受食物，做出能够坚持的决定…… |
| 盲目饮食=不快乐、悔恨、不满 | | 正念饮食=更加愉悦、心满意足 |

**第一章，将饥饿感掌控在手。**第一章中，我们将深入讨论掌控饥饿的各个因素。换言之，某些因素扭曲了饥饿提示，使其变得更加明显，令人困惑。各种诱因都会使我们感到饥饿或比平时更饿：环境、睡眠不足、压力、社会状况、情绪等。令咨询者感到惊讶的是，这些因素中有许多根本与食物无关。他们发现自己一直在错误的地方寻找答案。比如，相较于放在餐桌上的东西，卧室里的睡眠习惯更有可能是触发饿怒的罪魁祸首。

饥饿来袭时，饥饿的诱因就会被放大或模糊掉。在第一章，我们将讨论如何用心地应对各个诱因。你可以粗略地翻看此书，但我还是建议开始关注饮食方式前先看看这章的内容，因为处理好其中一些潜在因素就可能会使用心饮食变得更容易些。

**第二章，远离饿怒的家庭和常去之处。**第二章与管理饥饿的另一强有力的方法——掌握环境有关。无论办公区的休息室里是否有零食，零食健康与否，无论你是独自吃饭还是与人一起用餐，甚至无论你吃饭时是否看手机，你所处的环境对吃什么和吃多少都有很大的影响。通常来讲，在家庭餐和工作餐之间进行转换是很困难的。因此，我们将讨论如何构建一个平静的饮食环境，以及通过其他方式创造一个正念饮食的美妙港湾。

**第三章，倾听饥饿之声。**这一章中，你将学会如何真正倾听饥饿。在与咨询者合作的过程中，我发现有时候很容易察觉到饥饿的迹象。你的胃会发出一些非常清晰的信号，就像安静的房间里的轰隆声，每个人都能听到！但其他时候，这些信号非常微弱，你需要仔细聆听才能准确地了解身体的需求。但多年来，很多咨询者一直试图让饥饿信号处于静音状态。重启这些信号可能会很棘手，但对于正念饮食来说非常必要。这一章将展示如何提高这些信号的音量，用心倾听自己的身体需求，并有意识地做出回应。

**第四章，饥饿催眠师。**接下来，为了做出让自己快乐的用心选择，你需要意识到食物，尤其是一些特定的食物，会对心情产生深远的影响。因此我们将讨论在特定食物以及它们如何影响个人感受上有什么研究发现。我认为这一章十分有趣。不单单进食量会导致饿怒，食物质量更是如此。要记住，不能愚弄身体，我想强调一点：**食物并无好坏之分。**这一点掷地有声又显而易见，我们只需关注食物如何影响自己以及自己的情绪。当你留意饮食后身体的感觉及情绪时，你会注意到自己开始更有意识地选择食物。当你想要某种特殊的感觉时，就会选择特定食物而不是其他食物，因为你已经了解食物对你产生影响的方式。

**第五章，改变你的习惯：正念饮食的 10 个要点。**最后一章，我将深入探讨如何正念饮食，即做 10 件简单的事，从更加用心对待每一餐、每一种零食开始。我将其称作“正念饮食的 10 个要点”。你可能一次就会把 10 条看完，又或许，这些信息让你应接不暇，那就每天看几条，就在那一天，把正念意识运用到自己的一个行为或习惯中。你不必改变任何事情，只需注意这种饮食方式如何在生活中得到体现。

管理饥饿从来都不只是一个制定规则的问题。我们可能希望答案能归结为一句“按这个做，而不是那个”，希望它简单易行。但当你运用内在智慧时，它可以很简单。本书无关规则，而是让你了解自己以及与众不同的个人模式。因此，你可以了解到个人饥饿提示的产生、消失和饿怒触发点。你还将学会在饿怒爆发前识别饥饿信号。这些正念实践会带来你与食物间的全新、平衡的关系。请记住，饿怒管理并不是孤立的饮食方式或饮食风尚，而是一整套切实可行的正念心理学工具。

准备好了吗?

那我们开始吧!

第二部分

# 管理饿怒

## 第一章

# 将饥饿感掌控在手

开门见山。你坐到桌前，把餐巾放在膝盖上，举起叉子那一刻所发生的，其实与你吃或不吃食物没有多大关系。吃之前与吃之后发生的事情同样重要，甚至更重要。示例如下。

前几天，咨询者丹尼丝来访时情绪失控，泪流满面，整个人蓬头垢面的。那个星期，“糟糕的”食物选择让她对自己进行了长达一个多小时的批评和贬低。那次和她会面正好在复活节后。节前几天，她熬着夜把房子上上下下打扫了一遍。她挑三拣四的公公、婆婆打算留下来过周末，她要确保家里一尘不染。复活节弥撒和晚餐都进行得很愉快。但当公婆离开，孩子们上床睡觉后，她拆开了复活节篮子，把里面的巧克力花生酱鸡蛋都吃光了。第二天，她答应自己不再吃糖。但到了中午，她就已经吃完了篮子里剩下的糖果。一整天她都焦躁不安的。“糟糕”是她能想到的用来描述她在猛食糖果之时和之后的身体感受的唯一的词。

第二周，她走进我的办公室时，与之前已完全不同，平静温和，面带微笑，衣着光鲜。她坐下来轻松地告诉我：“这一周我过得很好，根本没有暴饮暴食。”此刻的丹尼丝俨然摆脱了上周的糟糕状态。

你可能会有些迷惑不解：一个人怎么会这一周过得像场灾难，

而下一周又一帆风顺呢？

面对巧克力花生酱鸡蛋崩溃的那一周里，丹尼丝白天在护士站工作了一天，然后整晚都在打扫房子。我有点担心，以我对丹尼丝的了解，她睡眠不足时，情绪和食物决策能力会出现180度大转弯。她只是太累了，精疲力竭导致饿怒发作，即使有一大堆巧克力也于事无补。这个例子清楚地表明，生活中的某些因素（比如睡眠不足），会完全掌控你对食物的选择。

有时，要想改善饿怒，就必须考虑其他生活方式因素的影响。换句话讲，在深入管理饿怒之前，考虑一下本章中提到的各个方面，这样你就可以选择最轻松的方式，并且做到有的放矢。

就丹尼丝的事例而言，我们可以花上一整天时间研究如何避免吃糖果，比如，把糖果收起来、不买糖果或是分散注意力。但实际上，好的睡眠是将所有饿怒管理技巧付诸实践的必不可少的第一步。对她来说，早点睡觉并不容易。丹尼丝是个夜猫子，经常在晚上忙于支付账单、洗衣服。虽然做出改变需要花费很多时间和精力，但是将饿怒转变为开心得到的回报更多。

在读到这章时，想想饭前、饭中和饭后发生的事情是如何影响你的食物选择的。

试想，是什么控制了你的食物选择能力，让你没去选择使你开心又满足的食物？

## 将饥饿感掌控在手1：赶走餐盘中的压力

“我肚子又饿，压力又大，要当心了！我根本不关心到底吃的是什么，尤其是在不得不做出决定时，其实我并不擅长这一点。对我而言，做出决定就是一种压力，这种压力也会直接变成我点的糟糕食物。我会说‘管他呢’，然后直接抄起眼前的食物。结果呢，尽管我并不是真的想吃，但会因感觉压力倍增而屈从于压力性进食。”

每当感到有压力时，我……

·会将目之所及的一切食物扫荡一空。

·根本不在乎自己到底吃了什么。

·完全没有胃口。

·一边把手伸向那盒巧克力和那袋薯片，一边向自己保证，生活节奏慢下来时，我会好好吃东西的。

·不会因为压力吃东西，而是会尽量做些别的事让自己感觉好一些。

无论你的答案是上述哪一个或哪几个，问题都是一样的。压力对食欲毫无益处。

之前我有一位咨询者贝丝，她当时正经历着一场痛苦的离婚。前夫因为不同意离婚，便不断给她发骚扰短信和邮件。悲痛和愤怒吞噬着她，以至于数周以来她最不想做的事就是好好吃饭。这种感觉令她十分不悦，身体也不舒服。她描述道，这就是在跟自己怄气。“多数时候我找到什么就吃什么，不想在吃上浪费过多精力，甚至有时候一天三顿都吃麦片。”她说道，“几天前，我只想躲在毯子下面，整晚吃咸味薯片。”几个月后，她终于受够了这种感觉。

贝丝来到我的办公室，讲述了她的故事，并告诉我她希望自己能吃得更用心一些。当时我就知道首要任务并非改变贝丝的饮食。事实上，除非改变她的压力程度，否则她是无法做到正念饮食的。我们无法控制她的前夫（尽管她曾经很想控制），但我们能改变她处理压力和照顾自己的方式。对于许多咨询者，在搞清楚压力在他们的食物选择中扮演什么角色前，我们甚至不谈论任何与食物相关的话题。

研究结果很明显：压力对食欲和饥饿程度有直接影响。[12] 反之亦然，饮食不善和饿着不吃常常会使人更有压力。而越有压力，就越难照顾好自己，也越难在身兼其他事务的同时专心于饮食。

我们都清楚，贝丝正经历着压力带来的恶性循环。感觉有压力时，我们通常不会好好吃饭。这会触发饿怒，进一步给身体带来压力。而身处压力中的我们就更难应对更多的压力了，哪怕只是小小的挫折和烦恼。这也就是为什么人在饥饿时很有可能因为一些小事而大发脾气。

随着时间的推移，不断增加的压力会引起慢性炎症，然后炎症开始在你体内肆虐。你是否见过有朋友在经历一段备感压力的时期后会突然变老，或是留心对比过美国总统任职前后的照片？在一段不算长的时间内，他们皱纹增加，头发白了——这通常就是长期身处压力中的表现。

不断有研究表明，将人们置于紧张的环境中，他们在用心挑选食物方面会有一段明显的困难时期。在一项研究中，50% 的参与者被要求将手浸入冰水中以产生紧张感，而另外 50% 则没有。随后，两组对食物做出选择，同时机器也在扫描着他们的大脑。由于刚刚经历了紧张的状态，将于浸入冰水的那一组更倾向于选择美味可口的食物而非健康食物。

日常生活中，多数人是不会将手浸入冰水中的，但生活中真正的压力源就像一桶冰水，出人意料地，一次又一次地泼到身上：艰难的离婚、意外出现的账单、让人恼火的亲戚、带来挫败感的老板……在有压力在或饥饿时，请不要做出生活中的重大抉择，这一点至关重要，因为这个时候你的选择通常是很糟糕的。

既然压力不可避免，我们又能做些什么呢？

美国北卡罗来纳大学（教堂山分校）心理和神经科学院助理教授克里斯汀·林德奎斯特博士曾与该校博士生珍妮弗·麦科马克共同撰写过一篇研究论文，题目为“有饿怒之感？当饥饿被概念化为情感时”。他们把饥饿的人放在紧张环境中，看会发生什么。研究中，有饥饿感的参与者被置于烦躁、紧张的环境中：电脑出了故障，这使得他们要反复处理单调乏味的工作。相对于饱腹状态的参与者，处于饥饿状态的参与者在面对此类小故障时表现得更为恼怒，这一点可能并不会让你觉得惊讶。

随后，对研究助理的表现做出的评估显示，饥饿状态下的参与者比饱腹状态的参与者更倾向于给出消极的反馈。总而言之，在不饿时，他们能更好地应对压力。

基本上讲，有饥饿感并处于紧张的环境中会使人的烦躁程度大幅上升。[13] 然而，如果能够留意或增强对自身感觉的认识，即使处于饥饿状态中，也有助于控制饿怒的产生。

同样基于此研究，论文的撰写者认为我们应多加注意饿怒的产生。这里需做些解释，上文提到的研究中，当要求饥饿状态下的参与者专注于自己的情绪时，他们更有可能将心情不好归咎于自身。但是当参与者专注于外部事务（比如让人焦虑的电脑故障）时，他们会把坏心情归咎于别人。在意识到自己饿了时，他们会更友善，很少将坏心情表现出来。他们会自言自语道："嘿，我真的很饿，所以可能心情不太好。"能意识到这一点时，他们就不太可能表现出糟糕的心情，因为他们知道自己为什么会脾气暴躁。

实际的建议是：调整节奏，花点时间暂停、冷静下来，评估自己的饥饿程度。

## 从饿怒到开心

**承认压力的存在**。感到有压力时，请将注意力集中于压力本身。这听起来不大对，但意识不到压力的存在而一味专注于吃喝时，人们往往会感到后悔。他们只是事后才意识到情绪不佳的真实原因。所以，就现在，想想你的压力程度有多高，是长期居高不下，还是压力适中但伴有短暂性、急剧式的爆发？

**餐前需平静**。如果你感到压力大，请记住，在吃每一口食物前让自己放松下来。脑中回想 "把手浸入冰水"的实验，并且记住：

处于压力中的我们做出的食物选择是最糟糕的。让自己从“非战即逃”模式中冷静下来，回到当下这一刻。有压力时，我们的头脑会陷入思绪的旋涡，而放松下来则会让你心入己身，完全属于当下，清楚地意识到当下的感受。你还可以将放松的方法直接用于用餐过程中，即吃东西前先稍微冷静下，这将有助于你更用心地选择食物。请选择以下一种或所有的方法。

**餐盘放松法**。吃饭以前，将手指放在盘子上边沿。深呼吸一次，从上边沿开始按顺时针方向绕着盘子转动手指并呼气。回到上边沿时再次深呼吸。请尽可能多次重复这个动作，这会使你感到更为平静。

**座椅放松法**。请坐在桌前，将脚牢牢放在地板上，靠椅背坐直。同时抬起双脚，坚持一会儿，再把脚牢牢地放下。

**举杯放松法**。双手绕玻璃杯放置以适应其凉度。然后观察杯子，上面也许会有凝结的水珠。随后手松开一会儿，不断重复这一动作。

**叉勺放松法**。拿起你的叉子或勺子，在旁边的桌上轻敲三次，仔细听发出的声音。注意，这是如何将你的重心转移到声音上，转移到身外之物的方法。请照此重复。

**寄情于减压事物**。如果你每日都在压力中挣扎，学会将时间和金钱花在能减压的事物上是十分重要的，这一点再怎么强调也不为过。比如，上瑜伽课，回家后穿上舒适的睡袍，听令人放松的音乐，做一次心理治疗或是看一场电影以分散你的注意力等。请停止购买减肥产品，并着手购买减压物品！我在《吃货的50种情绪减肥法》一书中就谈到了一些自然、平价但极为有效的放松、减压方法。这些方法全部与平静身体内部感觉有关，以便逃离“非战即逃”模式。

## 将饥饿感掌控在手2：睡眠好,胃口就好

“如果我很晚才下班回家，我就会熬夜，在社交媒体的黑洞中迷失自我。我很难放松下来，让大脑停止运转。但睡眠不足的话，我又会感到极度疲惫。这时我会吃得更多，希望以此恢复活力。糖果或牙签似乎成为我在工作状态下保持清醒的必需品了。”

谈及睡眠，通常的情况是我……

- 睡眠很少，大部分时间如同行尸走肉。
- 经常在周末努力补觉。
- 睡眠充足，但偶尔会有睡得不好的夜晚。
- 将每晚至少睡7个或8个小时视为头等大事。
- 睡得太多了。

现在是早上7点，你睡眼蒙眬。昨天一整晚辗转反侧，未能安寝。你步履蹒跚地走向咖啡壶，此时你食欲旺盛，却不清楚原因，你明明前一天吃过一顿丰盛的晚餐。

而当你产生饥饿感时，你不必学会算命就能预知可能出现的结果：饿怒即将到来。

睡眠不足引发饿怒是有一系列原因的。

美国心脏协会召开的科学会议上有一项研究表明，夜晚睡眠仅有 4 个小时的女性会比安稳睡足 9 小时的女性在隔天多摄入 329 千卡。[14] 另一项发表在《营养学进展》上的研究也得出结论，睡眠不足的受试者会增加夜宵食量，且更有可能选择富含碳水化合物的食物。[15] 此类食物不仅口感好，还会增加睡意，他们倾向于食用这些食物，也就不足为奇了。有研究者在《加拿大医学协会期刊》上发表文章称，对比采用同样食谱的节食者，连续两周每晚睡眠仅 5.5 小时的节食者会比睡眠 8.5 小时的节食者少减掉 55% 的脂肪，且更容易产生饥饿感。[16]

那有什么好消息吗？相反的情况也的确存在，即更为充足的睡眠将有助于我们吃得更用心。

近期一项发表于《美国临床营养学杂志》上的研究表明，成年人的睡眠时长如果比正常情况平均长 90 分钟的话，次日的饥饿感和食欲都会下降。[17] 在这项研究中，来自芝加哥大学的研究人员跟踪调查了 10 位超重或肥胖的男性和女性。他们正常的平均睡眠时间为每晚 6.5 个小时，甚至更少。研究期间，第一周他们仍维持原有的睡眠规律，但接下来的一周，他们将睡眠时间增加至每晚约 8 个小时。结果显示，更早入睡或是睡懒觉使他们的食欲下降了 14%，同时想吃不健康咸味和甜味零食的欲望下降了 62%。哇！这个比例是很高的。

我从咨询者处获得了不少关于睡眠时间更长的效果的反馈。我知道，要睡得多并不容易。无论是由于繁忙的日常生活安排，还是疯狂刷剧至深夜的乐趣，我们的睡眠时间都变得长短不一。关于这一点，有史以来似乎一贯如此。大约在公元前 350 年，亚里士多德就写过一篇题为“论睡眠”的文章，可见，关于获得充足的睡眠的困扰由来已久。

但我们如果能找到一种获得更多睡眠的方法，那它势必对包括饮食在内的生活中的诸多方面产生巨大的影响。

## 从饿怒到开心

请不必试图立刻改变你的作息规律，我是这样告诉我的咨询者的。

首先，要更重视睡眠的作用或是睡眠不足对情绪、精力、饿怒的影响。对自己诚实点。当你因缺觉而无精打采时，你会不会想通过食物补充能量？你对自己的饮食是不是不够在意？

然后，如果可以的话，请尝试采纳以下小建议。

**保证 7 小时或任何你需要的睡眠时长**。一项关于睡眠和饮食的研究表明，对多数人而言，每晚睡眠时间达到 7~8 小时是最为理想的状态。该研究同时发现，睡眠时长不足 6 小时会明显增加超重或肥胖的风险。[18] 还有一个警示：每个人都需要有自己独一无二的睡眠时长。有人睡眠不足 8 小时但状态良好，而我的一些咨询者则需要更长的时间才能维持良好的状态。现在开始花一点时间，想想你需要多少睡眠，它又是如何影响你的情绪及饿怒程度的。如果你不清楚，请尝试记下随后几天的睡眠时长和饥饿程度。

**从小事做起**。事无绝对。如果无法做到多睡 1 小时，那就从小处着手，比如比平时早睡 15 分钟，即使是那一点点睡眠时间也已显示出对食欲的显著影响。

**试试香蕉茶**。你是否需要帮助才能入睡？香蕉和香蕉皮含有的钾元素和镁元素有助于放松肌肉和血管。只需切掉香蕉的两头，把整个香蕉连皮放入一锅沸水中煮大约 8 分钟，然后用滤网将水倒入杯中。如果愿意的话，还可以加些肉桂和蜂蜜，在睡前四五分钟饮下。后面我还会分享更多有助于睡眠的食物。

**获得高质量的睡眠**。如果你备受睡眠不足的困扰，就要尽可能减少干扰，如宠物、灯光和任何会降低睡眠质量的噪声。将手机放置在距离头部至少 1 米的地方。更好的办法是关机，或至少将其倒扣。原因是，手机发出的蓝光和声音有可能会影响你的睡眠质量。为此，你可以购买一个专门消除蓝光的手机应用程序。

**养成规律的作息**。谈及睡眠，规律的作息是你最好的朋友。起床、入睡都尽可能保持在同一时间。入睡前采用统一的放松模式，可通过某种仪式（如瑜伽练习或拉伸，睡前祷告或是阅读一个章节）放松身体，进入睡眠准备状态。

**创造用心的氛围**。你是否留意到身体感觉太热的时候会难以入眠？适宜睡眠的最佳温度是 21 摄氏度左右。同时，你还可以购买一些高质量的床上用品。在酒店里睡得更好的人就会意识到，或许他们的睡眠障碍正是家里使用的床垫或者床上用品。

## 将饥饿感掌控在手3：倾听来自肠道的声音

“有时候我不知道肚子是怎么了，只是感觉不舒服。我在卫生间待了很久，坦白地说这很尴尬。有时候我甚至哪儿都不想去，因为我不知道什么时候就要疯狂冲向卫生间，释放胃里咕噜咕噜作响的气体。”

谈及肠道，我……

- 经常打嗝、胀气、便秘。
- 有时会肠胃不适，这使我感到疲劳和焦虑。
- 只有吃得太多时才会胀气或打嗝。
- 排便规律，肠胃功能良好，精力和注意力都不错。

最新研究表明，和胃相比，对食物的渴望和情绪可能与肠道的关系更大。

但是胃和肠道有什么区别呢？

简单地讲，胃是帮助消化食物的肌肉器官，而菌群是细菌、激素和遗传物质的独特组合，这些微生物存在于胃肠道——消化道，并与大脑相互作用。

如果你一直处于饥饿状态，无论有无饿怒，这可能并不只是胃的问题，实际上与肠道有关。

当咨询者的饥饿感和食欲不正常时，我安慰他们其实有很多微观层面上的原因，所以不要因为情绪的起伏或是欲望不受控制而感到自责。事实上，研究表明，受体重困扰的人的肠道菌群与那些不受其困扰的人大不相同。[19]

肠道中的激素可以调节饥饿感。在决定该吃何种食物时，肠道可能起着和大脑同样的作用。频繁使用抗生素或食用糖类和完全改变或消除有益菌的加工食品，可能会让脆弱的肠黏膜受到损伤或发生改变。

这一过程很复杂，但一般来讲，在将营养和能量状态信号从肠道传递到大脑的过程中，肠道激素也发挥着至关重要的作用。这是一个复杂的系统，充满了可以调节饥饿的激素受体。

但你知道吗？肠道消化系菌群在24小时内就能得到改善。所以你可以做很多事情来促进肠道健康，改善菌群，让饥饿信号重新回到正轨。

本书读者要知道的最重要的一点是，某些食物会影响肠道与大脑的沟通方式，而这反过来会影响情绪和饿怒水平。过去10年的研究表明，胃肠道和中枢神经系统之间存在着广泛的交流网，被称为“肠脑轴”。这一研究领域不断取得进展，将情绪障碍与菌群变化联系在一起，发现“有益细菌”——益生菌可以帮助人们减少抑郁和对抗焦虑[20]（益生菌菌株、用量和治疗时间在研究中有很大差异）。哇！真是太神奇了。

我的咨询者埃米从十几岁就开始与粉刺做斗争。一直以来她都不知道什么时候就会突然爆痘，为此焦虑不安。自尊心也因皮肤病经常爆发受到了极大的挫伤。埃米说，她经常在社交场合感到焦虑，有时还会拒绝在爆痘期间外出。她认为自己的焦虑是因为多年来对皮肤太过在意，实际上也确实有部分原因出自于此。医生给她开了多个疗程的抗生素治疗皮肤问题。虽然消除了粉刺，但她没有意识到的是抗生素破坏了体内的菌群——不论是有益菌还是“有害”菌。这意味着她的焦虑水平仍然很高，而且抗生素导致了腹泻。因此她开始更加关注身体的感觉，吃更多有助于增加肠道有益菌的食物，这让她整体感觉更好，不再那么焦虑，在饮食上也更加用心。

## 从饿怒到开心

作为饿怒管理项目的一部分，我希望你能做到三件事。第一，注意你的肠胃是否在某种程度上存在不适。第二，如果感到不适，请开始多注意哪些食物会令肠道更“生气”、更“恼怒”。第三，如果你准备做一个重要的试验验证一下，请在食用含有天然益生菌的食物时，试着多留意你的情绪会受到怎样的影响。

**倾听肠道的声音**。你以前也曾听过这句话，但或许并非很字面上的意义：倾听肠道的声音，用心听。盘点一下肠道里发生的事情。它告诉你什么了？很安静吗，还是向你发出了一些响亮而清晰的信号，表明它需要关注？

如果肠道没有发出抱怨，那是件好事。但如果你并不清楚自己的肠道是否正常，那么为了看一看保持肠道健康是否能提高食欲并改善饿怒，也许值得一试。

某些食物可以显著改善肠道健康，让你更好地管理饿怒。如果你食欲失控，而且总是感到饥饿，那么保持肠道更健康可能会有助于控制食欲。

**试试肠道实验法**。试着每天多吃一种有益于肠道健康的食物。看一看体内摄入肠道友好型食物后，身体和饿怒水平会发生什么变化。此类食物包括益生菌含量较高的发酵食物，比如德国酸菜、印度尼西亚豆豉和韩国泡菜。这类食物都能将所需有益菌带回肠道，有助于调节情绪。例如，在一项精神病学调查研究中，700 名大学本科生被问及日常饮食中食用德国酸菜、朝鲜泡菜、红茶菌、酸奶、发酵豆制品、腌菜和开菲尔（一种传统酒精发酵乳饮料）等食物的情况。[21] 同时研究者还对他们的社交焦虑进行了评估。结果显示，食用发酵食品的学生的社交焦虑较少。

类似的例子还有很多。2013 年加州大学洛杉矶分校的一项研究发现，连续 4 周每天喝两次酸奶的女性，其大脑中与情绪和痛苦相关的部分活动水平比较低。[22] 此外，弗吉尼亚大学医学院的研究人员通过给小鼠喂食乳酸菌，即含有活菌的酸奶中的益生菌，来改善抑郁症状。[23] 这些研究都表明，有很多有效途径帮助人们减少忧郁。

很明显，益生菌和情绪之间存在关联，适当的食物补充可以帮助你恢复肠道菌群，并有望减轻焦虑感，还能减少情绪化进食。此外，益生菌有助于管理身体处理食物的方式。如果你打算采用这一方式，那么请和医生聊聊该如何在饮食中添加益生菌，从而修复和补充所需的有益菌，调节饥饿和情绪。

## 将饥饿感掌控在手4：远离不健康的饮食习惯

“每天 10 点，我都要在办公桌前吃脆饼干。有一天 10 点时，我没有在办公室，才意识到我对 10 点吃脆饼干已习以为常。没有吃到脆饼干让我很生气，并不是因为我特别饿，而是因为错过了日常的惯例。”

谈及饮食习惯，我……

- 吃东西的方式非常随意。
- 有一些饮食习惯。
- 每天都在同一个地方吃着大体相同的东西。
- 每天都按日常惯例来做。

“谈到吃东西，我有一个非常讨厌的习惯，”西莉斯特在我办公室里透露道，“每当要在办公桌前工作，我都会先去厨房拿点零食，然后放在电脑旁，摆在屏幕的右侧。通常会是一包零食——薯片、饼干或是爆米花。我一边吃，一边工作或是分个神，刷刷社交媒体。我感觉好像没有零食就没办法待在电脑前一样。”

西莉斯特能有这种意识，我很高兴。我们对许多事习以为常后，会对它们完全视而不见。随后我建议西莉斯特不要做改变，而要留心观察一下这个习惯。

下一次，当她把零食放在办公桌上时，她立刻对自己感到恼火。这个习惯根深蒂固，让她感到十分痛苦。因此，她并没有决定停止吃零食，而是把零食袋放到了电脑的左侧。

“可真有意思，”她说，“我还是会拿零食吃，但不得不绕过电脑拿，这就会扰乱一切。但当零食在右手边时，我就会无意识地伸手去拿，结果就是我一直在吃。把零食放到另一边时，我立刻意识到这让我摆脱了先前的进食状态。我需要想着绕开电脑才能拿到零食。这完全使我以一种全新的方式看待这个习惯。”

习惯只是一种不断重复的行为，很少需要或根本不需要我们做任何考虑。习惯状态下的行为不受情绪驱动。而在饮食方面，习惯是不受饥饿驱动的行为。

我接待咨询者后做的第一件事就是仔细观察他们日常生活中的习惯，这些习惯可能是他们产生饿怒或饱腹性悔恨的根源。

一位咨询者谈到了她的贪睡习惯。每天早上闹钟一响，她都会按下贪睡按钮，有时还不止一次，但这个习惯绝对与饿怒症有关。她说："如果我没有按下贪睡按钮，我会提前 5 分钟起床，这样就有时间好好吃早餐，而不是洗完澡就慌慌张张出门，开始上班时又饥肠辘辘的。"

此外，习惯也能成为我们的挚友。每天晚上，我像钟表一样规律地把咖啡壶放好，准备就绪，等待起床时使用。这样早上只需一步，不需再做决定，我就能自由地做其他选择，比如要吃些什么来开启新的一天。

关键在于要选择自己的习惯，而不是一次又一次地陷入相同的对我们毫无益处的习惯中。做出选择时，我们可以养成正念的习惯，从而将饿怒消除。

想要摆脱无意识的旧习惯，一个最简单的方法就是打破自己的常规模式。我给咨询者分享了一项有趣的研究。该研究在伦敦公共交通系统工人罢工两天时进行。[24] 地铁后来恢复运营，研究人员为了解情况，查看了刷卡记录中提取到的 100 多万个数据点。数据表明，5%的上班族开发了一条更有效的新路线并一直采用该路线。仅仅是短暂地阻止他们遵循一个日常习惯，他们就养成了一个新的习惯。

我的咨询者米莱恩就是利用打破常规的技巧重新调整了习惯。

在晚上应该遛狗的时间，她却在厨房里转悠，漫无目的地嚼着食物。然后一天晚上，她把狗栅栏改放在厨房门前，这样她就不能毫无意识地走进厨房。这一扇新门迫使她停下来思考，帮她养成一个新的习惯。

### 从饿怒到开心

将习惯消灭于萌芽状态！注意习惯，打破旧习惯，树立新习惯。

**注意习惯**。首先是注意你的习惯，而不是盲目改变。列出3个有可能导致你产生饿怒的习惯。你要做的是挑出一个习惯，比如无聊时吃东西或是在晚上吃零食。然后，集中注意力去观察即可。注意与该习惯相关的一切事物。我没有要求咨询者去改变习惯，这常常令他们感到惊讶。但仅仅观察自己的行为往往就会引起变化。想一想，要是你的老板坐在房间里看着你工作，会发生些什么呢?

**打破旧习惯**。习惯建立在外部提示的基础之上，这些提示会促使你做惯常之事。例如，看到商店柜台上放着一袋薯片，你会自然而然地去拿。所以，打破自己的旧习惯可能意味着要把最爱吃的零食收起来，或者干脆扔掉。也许你需要先从商店后排货架开始购物，而不是平常能找到零食的前排货架。又或者如果你边吃零食边看电视，那或许可以试试坐在另一把椅子上或另一个房间里。改变自己的习惯，需要我们扪心自问："我怎么才能打破盲目的饮食习惯呢？"

**树立新习惯**。习惯会给我们带来麻烦，但也会有所帮助。我们往往把注意力集中在摆脱不健康的习惯上，却不知养成新的正念习惯会更加容易。例如，每天晚上在前门旁边放一个零食袋，以便第二天出门时取用。或者养成买同一种零食的习惯，每天如此。现在就立刻问问自己，想在生活中养成而不是摆脱哪种习惯？最重要的是，试着将这个习惯“固定”到另一个已经根深蒂固的习惯中。例如，也许你早上做的第一件事就是煮咖啡，所以你可以在煮咖啡期间打包午餐或零食。多次趁着煮咖啡时打包午餐或零食，这两种习惯之间就会建立联系，做起来也就不是什么难事了。

## 将饥饿感掌控在手5：把握当下，按时吃饭

“谁有时间吃午饭？反正我没有——我有更重要的事情要做。当我有一大堆事情要处理的时候，坐下来吃饭似乎是在浪费时间。有时我真希望有午休时间，但这想法似乎很奢侈。”

如果我没有吃饭，通常的情况是……

- 我太忙了，没有时间。
- 我正尝试减肥或保持体重，所以不吃东西。
- 我忘了吃饭，因为脑子里有太多的事。
- 我很少不吃饭。

过去 10 年里，与我一起工作的医护人员工作时都极为努力，他们整天忙个不停，也就意味着有时会不吃饭。

我有个朋友，她从不午休。她还为自己“工作太忙”不能停下

进餐而感到自豪。她是个尽职尽责、口碑很好的医生，她的候诊室里总是挤满了病人。大多数时候，她的工作安排满得让人难以置信。也许更重要的是，她想提高工作效率，以便能在按时下班与家人团聚。

但到了下午，同事们就开始避开她。因为到2点或3点，她就会陷入这样一种模式：说话的语气变得尖锐起来，耐心逐渐消失。我甚至看到人们为了避免与她交流而躲进诊疗室或跑到另一侧的走廊。

可能她只是累了，但作为一名心理学家，我认为是饿怒在展现其丑恶嘴脸，让我的朋友失去了她应有的怜悯和仁慈。而且不光我这样认为，我不止一次听到别人开玩笑，说她需要有人把巧克力或花生酱放进她的咖啡里。

我要是她的病人，而让她花一些必要的时间吃午饭意味着能期待她一直保持和蔼、友好的态度，且耐心程度和血糖水平都较为稳定，那我宁愿多等上一会儿。

研究表明，抽出时间进餐是非常重要的。然而，美国有近1/4的人每天都不吃早餐。[25]一项针对医学生的研究发现，不吃早餐的人在临床会议期间会感觉更疲劳，注意力不集中。[26]我不知道你怎么想，但我不希望医生走进我的检查室时身心疲惫，专注度不够。

不是只有医生会受到少吃一餐的影响，试想一下帮你清点钱币的银行职员过度饥饿，无法集中精力的后果。或是帮你照看孩子的隔壁妈妈、孩子搭乘的公交车上的司机，或是为你筹划纳税事务的会计。无论生活中从事何种工作，我们都需要保持敏锐以达到自身最佳的状态。

进餐需要花费太多的时间或精力。忘记进餐。进餐并非头等大事。试图限制热量的摄入。这些从来都不能作为不进餐的充分理由。出于任何原因不进餐，都会导致饿怒产生，以及疲惫不堪，精力不足的情况。

少吃一餐的人往往有着极为明显的模式。比如，对很多人来说是早餐。有些人则不吃午餐，因为他们太忙碌，需要趁午休时间继续努力。还有些人可能不吃晚餐，因为正急匆匆赶着送孩子上培训班。

要留意到底是什么在阻碍你进餐。每少吃一餐，就请把下列问题的答案记录下来：你感觉如何？身体受到了何种影响？你是否发现自己精力或动力不足？这会影响你的情绪吗？你是否会更容易生气？或者，你是否感觉到这么做对认知的影响：你能做的就是考虑该吃什么，因为除了想想能在冰箱里找到什么吃的，大脑不会让你思考其他东西。

好消息是习惯是可以改变的，并非一成不变。即使是少吃点儿饭或吃点儿零食，也能使我们摆脱饿怒的影响。

## 从饿怒到开心

**改变心态**。有时人们不吃饭是因为觉得自己必须吃一顿像样的大餐，但吃一点往往比什么都不吃要好。所以哪怕你只能坐下两分钟用心吃一根香蕉，你的情绪也会大有改善。

**考虑便携食物**。如果你总是需要在工作中吃早餐、午餐或晚餐，那么请考虑带一些轻便的食品和零食，包括易于携带的物品和所谓的“结实的食物”，比如燕麦棒、坚果、香蕉、苹果、奶酪和杯装酸奶，这些食物可以装进包里。即使白天在路上，没有冰箱，也可以在车上放个小冷藏箱，装些冰袋用来保鲜需要冷藏的食物。

**多准备一些**。做肉丸时，准备 12 个和准备 6 个其实同样容易。然后把多余的放进冰箱冷冻，以备忙碌之时使用。如果有事先做好的饭菜，把自己的计划坚持下去就容易得多，因为你要做的只是解冻和再加热！

**订购盒装食材**。如果你只是无法抽身去杂货店购物，有许多外卖软件能帮到你，虽然花费会多一些！只要付一笔钱，这些软件就会把一顿家常饭的所有食材送到家门口。如果你赶时间，就可以考虑这种做法。或许你也可以在压力很大时这样做。你也可以和朋友轮流负责。这周你为两个家庭购物，制作一个包含所有食材和食谱的盒子，下周便轮到你的朋友来做。

## 将饥饿感掌控在手6：不要陷入节食陷阱

“我的朋友称我为专业节食者。我了解关于热量、食物分量、脂肪克数等的一切。如果目前没有在节食，我就是在期待下一个节食风潮。我尝试了一种又一种节食方式，对食物非常了解，但不知道为什么节食对我似乎永远不起作用。最后我都饿得不行了，像个疯子似的吃东西。”

谈及节食，我……

· 总是在节食。

· 尽可能多地不吃饭。

· 有时节食。

· 不节食，而是尝试正念饮食。

听起来熟悉吗?

许多咨询者都在尝试以限制热量或节食的方式管理体重和饥饿。他们采用“我会战胜饥饿”的方法，知道自己无法停止饥饿，所以决定忽视它。这使我想起一个小孩，他捂住耳朵，大声喊道：“我听不到你在说什么！”

你可能觉得少吃一餐能帮助自己减少热量摄入。但对许多咨询者来说，我的首要任务之一就是说服他们停止追逐节食风潮——就从现在开始。

告诉他们这点时，他们都惊恐地看着我问道：“如果不节食，那该怎样办？”

因此我给出一些依据，证明节食会对身体造成严重的伤害。简单来讲，身体喜欢处于稳定的状态。一旦节食，身体就开始和我们对着干，试图通过维持现状来保持稳定性。

伦敦帝国理工学院曾进行一项研究，该研究通过扫描志愿者的大脑来观察他们在吃过早餐和没吃早餐的情况下脑部的状态。然后研究人员要求这些志愿者出去想吃什么就吃什么。结果呢？那些不吃早餐的志愿者在下一餐会多摄入 250 千卡，他们觉得高热量食物更加诱人，尤其是巧克力。[27]

从某种程度上来讲，这是基本的人类心理，我们都想得到自己无法拥有的事物。但这也有生物学方面的原因。少吃一餐，肠道就会释放能向眶额叶皮层传递信息的激素，这种激素填满大脑，把你的想法引向美味食物。

限制一餐的热量没什么作用，因为这只会使我们更加饥饿，更容易在下一餐受到选择不健康食物的伤害，更不用说接踵而至的饿怒了。

咨询者很清楚他们节食时的情绪变化。一位咨询者曾讲道："我丈夫知道我何时开始节食。他说我节食时很急躁，和我相处简直如履薄冰。他一再要求我停止节食，因为他不喜欢节食状态下化身恶魔的那个我。"

## 从饿怒到开心

**抛弃节食心态**。我们往往认为瘦就等于快乐，但吃得好才能真正带来积极的情绪。不要想着不该吃什么，而要开始关注该吃点儿什么。目标不是要限制热量，而是用心搭配一盘营养美味的食物。一项针对大学生幸福指数的研究表明，幸福指数最高的学生是这样的：他们每天吃早餐，而且每天吃 8 份以上水果和蔬菜，除一两样零食外还坚持吃三餐。[28]

**转换语言**。一周之内，请停止使用以节食为中心的语言，即谈论或专注于热量或食物分量的内容。相反，问问你自己："我有没有在用心吃东西？"2018 年发表在《儿科学》期刊上的一项研究显示，青少年时期父母就鼓励其节食的年轻人更容易出现超重或肥胖问题，沉溺节食、暴饮暴食以及不良体重控制等行为，他们成年后对自己身体的满意度较低。15 年后，这些紊乱的饮食习惯仍然存在！研究人员建议，在家里应引导对话远离“节食”。[29]

**重复这条箴言**。重要提醒——本书并非一本减肥手册，而是关于尊重和理解饥饿的书。所以，无论何时，无论你选择吃什么，都请重复这一箴言——用心吃就会很好。

## 将饥饿感掌控在手7：合理吃糖

“祖母告诉我，我小时候就常在咖啡桌上的糖果碗里翻腾着找藏好的糖。我喜欢吃糖很多年了，每天都渴望吃到糖。有时我只想要一些甜食。大家都知道我甚至会在夜里起床，穿好衣服，开车去商店买巧克力吃。”

谈及糖在我的生活中扮演的角色，我……

- 觉得我对糖上瘾。
- 很喜欢吃甜食，糖是我的主要食物！
- 特别喜欢在饭后吃甜食，比如晚饭后吃一小块巧克力或蛋糕。
- 吃得不多，而且很少食用。一点点糖就可以吃很久。
- 更喜欢吃咸的食物。

我的咨询者会谈论各种各样的食物：巧克力、慰藉食物、奶酪通心粉、比萨等。但有一种东西是唾手可得，也最让咨询者难以抗拒的：糖。

糖是唯一一种咨询者常用“上瘾”和“渴望”两个词来搭配形容的食物。

我们都喜欢糖，从生理上讲我们需要喜欢上它，但咨询者们往往很难正确看待糖在生活中扮演的角色，以及糖对情绪的影响。即使不必与过度消耗糖分做斗争，吃糖对情绪也会有直接的影响。因为它会影响血糖水平，正如前文所讨论的。

我已然了解糖在各方面会对情绪有所影响。有些是积极的，我想到孩子们看到我做了巧克力饼干时满脸的笑容。的确，作为奖励的少量糖往往会令人很开心。

但是吃太多的糖而且是在饥饿状态下，对情绪并不会产生很积极的影响。较高的糖摄入量与较高的抑郁水平相关。[30] 但是谁是因谁是果尚不清楚。抑郁的人会吃更多的糖，还是吃糖太多会导致抑郁呢?

我的咨询者们经常把糖当作快速解决饿怒的办法，且有充分理由。糖可以暂时发挥作用，因为吃糖血糖水平会突然升高。你可以很快在包里找到一袋“M&M”巧克力豆，轻而易举便可短暂缓解饥饿和烦躁。

但我发现，许多咨询者都陷入了一个非常困难的糖循环中。观察他们的饮食习惯可以发现，他们吃的食物中很大一部分都含有糖，事实上没有糖他们几乎都快活不下去了。

该循环如下:

饥饿：血糖水平偏低

↓

饿怒爆发

↓

吃点糖

↓

血糖迅速升高

↓

暂时缓解

↓

崩溃

↓

过度饥饿——甚至比之前更饿

↓

循环往复

有些咨询者很清楚这个循环，他们知道自己吃了多少糖，从早餐的甜甜圈到下午的糖果。有些还没有意识到糖对他们的生活的影响，因为糖隐藏在各处，只是没有甜甜圈和糖果那样明显。从花生酱、番茄酱、沙拉酱，再到“健康”早餐谷类食品，糖可谓无处不在。

再次说明，糖其实也没有那么糟糕。但如果我们能意识到糖对自己的情绪和身体的影响，那这一点其实比吃糖更甜蜜。

## 从饿怒到开心

**注意观察**。用心观察糖在生活中扮演的角色和摄入量。糖是饥饿的根源吗？会加剧饥饿吗？记录糖是如何影响情绪和身体的。每次吃加了糖的东西，都要留意之后的情绪。把吃糖作为奖励时，它又是如何影响你的情绪的，是像餐后甜点一样吗？当你在吃糖而不是吃真正的食物或水果，比如伸手去拿一块糖果而不是零食时，你的情绪又会有何不同？

**尝试快走**。饿了吗？去散散步吧！在一项关于对糖的渴望的研究中，没有吃糖而是快走了 15 分钟的参与者称，他们对糖没有那么渴望了。[31]

**暂停吃糖**。每当你想拿糖的时候，请暂停下来，花点时间看看自己处于饿怒循环的哪个环节。你是因为饿怒才去拿糖，还是说快要陷入饿怒了，抑或是把糖当作一种奖励？如果是奖励，那没问题！但如果你觉得自己陷入了饿怒循环，那么请休息一下——用心满足你的饥饿。有一句座右铭非常有用："满足饥饿的并非糖。"

**吃点水果感觉会更好**。试着用心吃一点水果，这样可以打破由血糖引起的饿怒循环。当然水果也含糖，但水果同时富含纤维和营养，消化起来比糖类零食要慢。而较慢的消化速度有助于调节饿怒。水果还能改善心情。一项关于糖摄入量的研究选取了 7 万名女性作为研究对象，研究人员发现，添加糖和加工糖摄入量较高的人患抑郁症的概率更高，而天然糖分（如水果中的糖分）摄入量较高的人却不会发生这种情况。[32]

**拒绝人工甜味剂**。零热量甜味剂似乎是救命稻草。许多人认为零热量甜味剂比普通的糖更好。遗憾的是，这些合成甜味剂只会让问题变得更糟，因为人工甜味剂会扰乱大脑中的信号，使你渴望更甜的食物。

## 将饥饿感掌控在手8：吃益于情绪的真正食物

“对于加工食品，我从来没多想过。但最近我在思考，有些食品为何有如此长的保质期？一些密封包装的烘焙食品竟可以放置 10 年之久，甚至不变质？而我要把它们都吃进身体里！当我开始注意时，我打心底里知道吃了太多这类食物，身体感觉很恶心。有时，我甚至能尝到一些化学物品的味道，很可能这些化学物品是用来保存食物的。”

你最喜欢的加工零食是什么？请选择所有适用项：

- 各种甜零食，如饼干、糖果和巧克力。
- 咸味食品，如薯片和炸薯条。
- 糕点和甜甜圈。
- 未列出的其他加工食品。
- 以上都没有（我不吃零食或加工食品）。

你能因为吃了一块奶油夹心蛋糕就逃脱谋杀罪吗？

“甜点抗辩”是在 1978 年对丹 · 怀特的审判中创造出的一个真实存在的术语。丹 · 怀特被指控在旧金山谋杀了哈维 · 米尔克。怀特的精神病学专家表示，他的当事人丹 · 怀特在作案前吃了大量高糖分食物，是那些甜食加上其自身的抑郁症，才导致其失去了控制。

现实生活中，甜点抗辩不再是米尔克谋杀案中一个严重的部分。但是这个理念吸引了大众的关注，可能是因为我们都曾在自己身上经历过这样或那样的“抗辩”。现在，当我们使用“甜点抗辩”时，我们真正的意思是：“很抱歉，我太暴躁了。我午餐吃了一块味道超棒的巧克力布朗尼奶酪蛋糕，但吃得太多了，所以现在才会对别人发脾气，请原谅我”或者“我吃了些不好的东西，现在觉得自己像垃圾一样，一点都不在状态”。当然，对多数人来讲，吃零食不会导致自己谋杀犯罪。但吃一些高度加工食品会导致身体不适、焦虑不安，总之精神状态很糟糕。

有人可能会说，吃薯片、鸡块、包装饼干和含糖谷物类食品的前几口绝对是天堂般的享受。确实是这样！如果你饿得要命，可能会觉得那些食物确实能满足你的渴望。但这种满足感持续的时间不会太长，因为加工食品不仅会破坏血糖水平，而且往往无法真正满足饥饿感。

你是否曾感到饥饿，甚至是刚刚吃完就饿了？很可能是因为你吃的东西对身体来说没有任何营养价值。没有什么比加工食品更能让人饥饿的了，包括零热量甜味剂，这些食物几乎毫无价值可言，反而会让你想吃得更多。

垃圾食品也会影响情绪。美国加州大学圣地亚哥分校医学院的一项研究表明，吃过多垃圾食品实际上会让你变得刻薄！在一项针对近 1 000 名男性和女性饮食及行为的调查研究中，研究人员发现，较高的反式脂肪酸摄入量与攻击性和易怒性的增强显著相关。[33]

饿怒管理项目中，令咨询者们发出惊讶最多的时刻是在吃了大量加工食品后，他们开始注意到自己身体发生的变化。他们意识到有些食物会使他们感觉很好，有些除了满足饥饿感之外没有太大作用，而有些却会令身体感到不适。一旦他们意识到这点，就可以做出更用心的决定。

有个咨询者给我讲了一件关于肉桂卷的事情。她有次在机场闻到了肉桂卷的甜香味。后来就一直跟踪着气味，仿佛受到了魔笛手的指引。她被这种气味迷住了，但随后她短暂停顿了一下。

“这些不是妈妈做的肉桂卷，”她提醒自己，“只是机场贩卖机里出售的。”但当气味将她引诱过来时，她立刻打消了这个念头。几分钟后，她很快就吃掉一个超大的肉桂卷，有一个沙拉盘大小，吃完还舔了舔手指上的糖霜。

回想我们的谈话，她并没有评判自己，相反，只是注意到了自己的反应。让她印象最深的是她其实非常失望，因为那个肉桂卷没有完全烤熟，中间还湿乎乎的，但她还是吃光了。那个肉桂卷完全不像妈妈做的那样松软可口。她说后来的几小时里都感觉胃里像有块石头。接着她告诉我，下次在机场闻到肉桂卷的香味，只要回想起这段经历对身体和情绪的影响，就能阻止自己了。

### 从饿怒到开心

**了解你吃的是什么**。识别生活中的加工食品非常重要。有时我们很难认出它们！油炸、烘烤、冷冻、罐装或包装食物都属于疑似加工食品。识别的第一步很简单：读标签。把食品袋翻过来看看背面有些什么，配料表较短、适中还是较长？你不必成为研究每种成分的专家，只要注意食物里有哪些成分。

**进食后用心思考**。无论选择哪种食物，是否为加工食品，你都要花点时间用心思考，注意食物的即时影响。食物入口后，请用三个“如何”进行检测——食物在肚子里感觉如何？食物如何让你感到满足？食物如何改变了你的感觉？

**做个测试**。做个实验，请用不同的方法准备食物。注意食物的口味以及不同准备方式对情绪的影响。有时准备食物的方式甚至也会影响自己的满意度或饱腹感。例如，一项关于苹果的研究表明，食用一颗完整的苹果饱腹感会更强，而餐前喝苹果汁或吃苹果酱却不会有这种感受。[34] 你有相同的感觉吗？

**要吃货真价实的**。减少食用加工食品的一个方法就是购买本地食品。例如，小面包店通常不会像大面包公司那样为了让面包能在货架上长时间放置而添加防腐剂。或者，学会自己做爱吃的加工食品。正如迈克尔·波兰所言，如果你喜欢薯条，那很好——可以试试自己做。

## 将饥饿感掌控在手9：多喝热水

“喝水太无聊了。我每天的喝水量都不足，能发现这点是因为我的小便呈亮黄色。”

关于口渴，我……

- 总是觉得口渴，因为会忘记喝水。
- 有时觉得口渴。除了喝餐馆里提供的水，我几乎不怎么喝水。
- 很少觉得口渴。我尽量主动多喝水，但还是每天都达不到目标。

· 几乎不会觉得口渴，因为我总是喝很多水。

饿怒发作不仅仅是因为缺少食物。

饮水不足也容易使人受饿怒之害。

一位咨询者讲述了她和家人在树林里徒步旅行的故事。他们准备了背包、零食等出发，却忘了带最重要的东西——水。他们只有一小瓶水，还需要 3 个人共享。

随着时间的流逝，天气热了起来，大家也开始变得焦躁。他们开始为了能从水瓶里喝上一口水而争吵不休，斤斤计较谁喝得更多。

他们是有食物的，零食虽然也有点帮助，但口渴使他们情绪暴躁，无精打采。

研究表明，缺水，即使是少量缺水，也会对情绪和思维产生负面影响。而且缺水会导致疲劳，思维不灵敏，甚至是死亡！

想一想你什么时候会注意到自己缺水。也许是在室外修理草坪时，也许是早上喝了很多咖啡但滴水未进时。还记得自己感到口渴时是怎样的吗？——容易生气吗？这种糟糕情绪的产生和饿怒产生的一些机制是相同的。

好消息是，补充水分几乎可以立即改善你的情绪，提升清晰思考的能力。最近的一项研究选取儿童和成人作为参与者，研究过程中将参与者分为不准喝水、喝 25 毫升水和喝 300 毫升水 3 个组。[35] 研究人员对参与者在饮水前、饮水后或未饮水后 20 分钟的表现一一进行了测试。

对儿童和成人来讲，想止渴就有必要喝一大杯水（300 毫升）。

但是，即使是一小杯水（25 毫升）也足以提高视觉注意力。哪怕只喝一点水，儿童和成人的视觉注意力也能得到改善。对成人来讲，多喝水还能改善数字记忆广度，即能回忆起一串数字的长度。而口渴的参与者完成记忆任务的表现却不佳。

另一项研究观察了饮水习惯与情绪之间的关系，[36] 连续 5 天记录 120 名健康女性食用的所有食物和饮用的液体。参与者完成相关评估，包括自身的紧张、抑郁、愤怒、精力、困惑和情绪水平。结果很有趣：研究人员发现，只要观察实验对象喝了多少水，就可以预测他们的情绪！

你是否希望有一种神奇的药水，喝下去就能改善记忆和情绪？其实是有的，而且近在咫尺——找到最近的厨房水槽或办公室饮水机。

## 从饿怒到开心

为防止口渴引起的情绪化问题，提高思维灵敏度，从而在选择食物时处于有利位置，获得足够的水是关键。

**做好调整**。留意身体缺水的迹象。身体会给出一些明显的提示，看看哪些迹象在你身上适用。你的目的是好好补充水分，请“防止”这些提示出现。

**不同寻常的饥饿感**。口渴和食欲都由下丘脑调节。这两种信号可能会交叉，让你以为自己饿了，其实是渴了。如果你觉得自己没怎么喝水，那么在出现“我饿了”的想法时，请停下来看看自己需要的到底是水还是食物。

**疲劳乏力或精疲力竭**。乳酸积聚，葡萄糖停止生成时，你就会感到精疲力竭。

**便秘**。补充水分有助于消化系统更好地消化食物。

**口臭**。缺水时没有足够的唾液清洁口腔，口干舌燥就会导致口臭。

**尿液呈深色**。尿液颜色越深表明身体越缺水。一般来说，尿液的颜色越浅越好（但如果几乎透明，就是饮水过度了）。

**头痛**。缺水会导致脑组织收缩，脱离头骨，从而触发疼痛受体。

**没有眼泪**。眼睛太干说明黏膜没有足够的水分。

**身体过热**。液体有助于调节体温。

**肌肉抽筋**。肌肉需要水中的钠和钾进行有效的收缩。

**头晕目眩**。缺水时血液流动速度下降，血压降低，大脑供血不足。

**试着捏自己 3 秒**。轻轻捏一下手背或手臂的皮肤，把皮肤捏起大约 1 厘米然后松手。如果皮肤能够保持一阵隆起的状态，然后慢慢恢复正常，可能就是脱水的迹象。这就是所谓的皮肤张力测试，它能快速判断你是否缺水。缺水时肌肤失去了弹性，所以不会像往常一样迅速恢复到正常状态。理想情况下，松手后皮肤应该立即回到原来的位置。

**注意水分吸取物**。有些食物和饮料能直接吸收你体内的水分！额外加了咖啡因的咖啡、苏打水和能量饮料都会让补充水分变成无用功。这些饮料是利尿剂，会使你产生尿液，小便更频繁。另外，过量的盐会导致身体从细胞中提取水分，来维持血液中健康的钠水平。请一定要多喝水来对抗水分吸收物。

**用心补充水分**。如果你发现自己长期缺水，而且认为这可能会提升你的食欲和饿怒水平，那请参考《饥饿催眠师 32：多喝水，没坏处》。

## 小结：将饥饿感掌控在手

现在你了解了一些可以掌控饥饿的因素：在本该很美好的一天，这些因素却控制着你，将你拖上一条盲目饮食之路。请记住，这些因素并不意味着你无法做到正念饮食，只是让其变得更具挑战性了。

完成本章阅读前，请在对你影响最大的因素旁做个标记，也可以用 1~9 来排列你认为这些因素对饮食的影响程度。你会注意到有些根本不是事儿。也许你睡得很踏实，那就没问题。但也许提到糖的时候，你会停下来说：“没错，这说的就是我！”

- ☐ 压力水平
- ☐ 睡眠时长
- ☐ 肠道问题
- ☐ 习惯
- ☐ 不进餐

□ 节食或尝试限制热量摄入

□ 吃很多糖或甜食

□ 吃很多加工食品

□ 饮水不足

你勾选了哪些项？无论最能引起你共鸣的是什么，这都是一个很好的开始。当你解决了生活中饥饿感的影响因素，你就会发现正念饮食更加容易了，是那样令人愉悦！

## 第二章
# 远离饿怒的家庭和常去之处

你在哪里最容易触发饿怒?

在家?

在办公室?

度假时?

在车里?

这是我问咨询者的一个问题。我发现在有些地方饿怒可能每天都会发生，而有些地方却从来不会。

容易爆发饿怒的地方就像阻碍正念饮食的流沙，一旦陷入其中，嘭！你就会被饿怒吞噬。当饿怒的诱因出现，即使你想好好吃饭，有时这种念头也会消失不见的。

有时，环境会刺激人们盲目进食，在这些地方你能轻易获取食物而无须多加思考。例如，我的朋友过去常在她家吧台上放一碗混合坚果。我记不清有多少次看到有人站在她家吧台处聊天。他们把手伸进坚果碗里，先是一两个地吃，然后是一把一把地吃。不是因为他们饿了，而是因为坚果就放在那里，触手可及。

此外，安排好自己周边的环境，让自己更加深思熟虑、神智清醒地选择食物。当然，环境有时并不可控。例如，我的办公室正好在一家甜甜圈店隔壁（这不是开玩笑）。对此我无能为力。但在你可以营造专注的环境，为什么不让自己开始正念饮食呢?

饿怒管理项目中，我们要学习调整自己，适应进食的内部饥饿提示。需要吃东西时，有些迹象很明显，比如肚子发出咕咕的声音。其他信号则难以捉摸，比如身体能量较低。但研究表明，我们吃东西往往不是为了回应身体内部的提示，而是为了回应来自外界的提示。例如，你看到一则比萨广告，两分钟前还不饿，但现在你满脑子想的都是鼓鼓的奶酪和厚厚的脆皮。

无论你身在何处，饿怒管理项目都旨在让你更有能力倾听自身内部饥饿提示，同时发现自己是否在随波逐流，比如只是因为周围的人在吃，就在退休派对上狂吃布法罗辣鸡翅和蘸酱。

所以留心观察一下你的周围，可以从汽车、厨房、卧室或衣橱开始。无论在哪里，你都要开始留心周围环境对食物选择的影响。

## 远离饿怒10：坐下，才能吃好

“食物不仅可以补充能量，还是一种体验。” ——盖·菲利

吃饭时，我会准备……

- 快餐袋子。
- 一张纸巾。
- 纸质盘子。

· 日常餐具。
· 精致的餐具，比如非常精美的陶瓷盘。

我妈妈喜欢好看的餐具。外婆传给她一套瓷器，其他长辈也留了一些。对她而言，吃饭一直是一种体验。每逢节日，她最大的烦恼就是不知道该用哪套餐具。是以节日为主题的餐具，还是母亲留下的带金色边框的骨色盘子，抑或是姑妈给的带玫瑰图案的盘子？对她来说，用哪种底色的盘子装食物非常重要。

母亲教会我最重要的一件事就是该如何使用餐具。通常，人们会在特殊场合才使用“好”的餐具，让食物看上去精美。但对母亲而言，好看的餐具从来不只用于节日和精心准备的晚宴。“我们留着不用干什么呢？”她开玩笑道，“女王来访时才用吗？”然后她会笑着摆桌子。

对她来说，为家人布置精美的餐桌一直都很重要。我们并不总用那些精致的餐具，但她总是确保餐桌要看起来好看些。她会清理掉乱七八糟的东西——作业、书籍、玩具或信件，然后确保每个人都有盘子、银质餐具、玻璃杯和餐巾。我们也从不会在餐桌上吃快餐袋里的食物。

研究一再表明，食物的外观对所有人都很重要。事实上，它对尝到的味道影响也很大，这就是为什么餐馆要花大力气营造餐桌气氛，用吸引人的方式给食物摆盘。他们知道，这是饮食体验的一部分。

大多数咨询者告诉我，他们很少花时间思考食物是如何端上来的，饿怒袭来时，他们会直接从薯条包、麦片盒里拿零食，直接从熟食包里拿火腿塞进嘴里。如果你正在做这些事，这可能表明你真的在与饿怒抗争。

好消息是，只你稍微费点心思，就会对自己享受食物的程度产生很大影响。摆放食物的方式、对一道菜的喜爱程度、购买意愿，甚至饱腹感都会影响食欲。我们不需要彻底改变自己的饮食方式，也不必额外消费，只要对零食或膳食的视觉体验稍加注意，就可以改善问题。[37]

## 从饿怒到开心

**感知分量**。《食欲》杂志上的一项研究调查了食物摆放位置对分量感知的影响。[38] 其要点是，食物摊开放在盘子里会比堆在一起看着分量更大些。同等分量的食物，放在盘子中间似乎会比放在边上显得多。所以，想让大脑感觉你吃得更多，就要把食物摊开放在盘子里，从中间部分开始摆放。

**使用颜色鲜亮的盘子**。研究表明，盘子的颜色会改变人们对食物味道的感知。[39] 我们都需要做到这一点！用颜色鲜亮的盘子（如红色、蓝色、黄色和绿色）盛放食物，会让人们倾向于认为食物的味道更重——更甜或更咸。使用红色的盘子装食物有许多好处呢（稍后的小技巧中会对此做出讲解）！

**留意盘子的边缘**。盘子边缘有一圈彩色边沿的话，人们往往会觉得里面的食物更多，这缘于一种被称为德尔博夫错觉的现象。[40] 画两个相同的圆形阴影，其中一个的外围紧挨着画上一个圈，就像盘子的边沿那样。外围的圈使里面的圆形阴影看起来更大，就像盘子里有更多的食物。感觉自己吃得更多时，我们会更加满足。所以请使用带彩色边沿的盘子让自己更加满足吧！

**带信息提示的盘子**。盘子不必单调乏味。我的盘子给了我很有用的提示语，比如“用心吃饭”“有滋有味”“尽情享受”等。当我吃饭三心二意或急急忙忙时，这些提示语会帮我回到正确的轨道上。你甚至可以花点心思，自己制作一个带积极提示语的餐垫。

## 远离饿怒11：眼不见，心不烦

“我一直都在和我所谓的‘飞掠式饮食’做着斗争。通常，我会快速穿过厨房门，把手伸向那袋开口的奶酪卷，抓起一把再走出来。然后，我就对自己的所作所为感到非常恼火。我其实根本不是真的需要、想得到或是喜欢吃东西，我只是路过，想都不想就抓起零食。”

每当周围有食物时，我……

- 根本想都不想，就会吃上几口。
- 都想吃，不管我当时肚子饿不饿。
- 只会在饿的时候吃，但不会挑剔吃什么。
- 会考虑自己的饥饿程度以及是否想吃某种特定食物。

下面这种情形是不是很熟悉？1分钟前你还在办公桌前工作，接着，你的手就伸向了玻璃罐中的巧克力，再然后，电脑旁逐渐堆积起一沓沓包装纸。

“天啊，”你会这样想，“我怎么把这些都吃了？”

不仅如此，而且那些巧克力并没有缓解饥饿，也没有带来多少欢乐。事实上，你几乎不记得自己吃过，吃它们仅仅是因为它们就在那里。

物品在哪里放置至关重要。我们把卧室设在房子后面，以避开街上的噪声；把化妆品放在浴室镜子后面，这样需要时就能看到它们；把遥控器放在沙发附近，这样用时就不用起身去找。

我们在哪里放置食物也至关重要。

心理学上的就近原则指出，离食物越近，就越有可能吃它。请不要误会我的意思，吃饭不是一件坏事，但盲目进食而不加思考就会导致饿怒和饱腹性悔恨的发生。我的咨询者很讨厌盲目进食，因为这样既不能填饱肚子，也无法享受食物。

一个咨询者意识到冰箱是她盲目饮食的一大源头。每当打开冰箱，拿些健康食物做晚饭时，她首先看到的就是一大盒冰激凌。她并没想吃冰激凌，甚至都不饿。但意识到这些之前，冰激凌已经在手里了，她正一勺一勺地吃着盒子里的冰激凌，这让她很生气。总之，她并不想停止吃冰激凌，但也不想在晚饭前盲目进食。

我们共同想出的解决方案并不复杂，但确实有效。她只是把冰激凌放到冰箱冷冻室靠后的位置。这样打开冰箱门，首先看到的就不是冰激凌了。要想把它拿出来，她需要移开冷冻汤、一包牛肉和棒冰。这个过程就会避开“冰激凌就在那里”的陷阱。

她的干预方法似乎与下面这个研究结果一致。在一项研究中，研究人员在参与者面前放了几碗巧克力。[41] 要么放在离他们 70 厘米处，要么更近——只有 20 厘米。结果表明，那些坐得离巧克力更近的参与者吃得更多，而结果并不令人惊讶。

但我们吃的不是只有近在手边的巧克力。另一项研究将葡萄、饼干和巧克力放在不同距离处——要么约 15 厘米远，要么触手可及。[42] 研究人员发现，当食物离得更近时，人们吃的不仅有巧克力，还有更多较为健康的葡萄和饼干。

这真是让人难以置信的好消息。要减少盲目进食，增加有意识进食的机会，最简单的方法之一就是重置所处的环境。

选择距离近的食物是人类的天性。所以，如果你也这样，请不要对自己太苛刻。相反，你要改变这个过程，要创建一个难以盲目进食且较易选择健康食物的环境，真正在补充能量的同时填饱肚子。

## 从饿怒到开心

**眼不见，心不烦**。环顾一下厨房。看橱柜上是否有导致盲目进食的食物？一包薯片、一瓶苏打水、一罐或一盒饼干？不必把这些东西统统扔掉，只需放在壁橱或你看不见的袋子里。

**触手可及原则**。坐在办公桌前，用胳膊做一次大扫荡。在触手可及的范围内是否有可吃的食物？上述研究表明，至少要把食物放在 70 厘米远的地方，最好是放在抽屉里。这会在很大程度上减少盲目进食的发生。

**注意食物的放置**。将健康食物放近点会对你大有裨益。选择一些吃了会让你感觉良好的食物，然后有策略地将其放在附近——办公桌上、吧台的碗中或任何能看到的地方。

## 远离饿怒12：改善行为选择

“有时，我觉得劝自己吃健康食物就像尝试说服一条鱼跳进水里，徒劳无功。我也知道吃什么健康，但实际做起来又如此挣扎。”

谈及健康食物，我……

- 不喜欢健康食物，吃的时候会挣扎再三。
- 喜欢健康食物，但很难去选择。
- 喜欢健康食物，但只是偶尔吃。
- 总是吃健康食物。

来我办公室的人都会发现，他们每次都能在桌子上看到同样的东西：苹果。

我把苹果放在显示器的正中间，这样打字时就不可避免地会看到它。

一直以来我都吃苹果——部分原因是我喜欢吃。但我更愿意吃放在我面前的苹果，而不是那种需要从钱包底部找到硬币，走到大厅自动售货机那儿才能买到的苹果。自动售货机之旅不仅要花钱，还得花时间，相比之下，选近在眼前的苹果是件很简单的事。

我的咨询者普遍喜欢健康食品。但有些人并非出于喜好吃很多健康食物。“我怎样才能选择吃苹果而不是巧克力呢？”他们问我，“我喜欢吃苹果，但我也喜欢吃巧克力啊。”

我知道这很难抉择。心理学中，研究人员试图通过一种叫作“选择架构”的方式，帮助人们用心选择时能少承受一些挣扎。选择架构就是做微小、低成本的改变，使食物更方便获取、更有吸引力、更容易被看到，其策略包括将健康食物搭配成“拿了就走”的默认组合。该架构旨在使健康食品变成简单而非困难的选择。

例如，一项研究观察了挪动沙拉台上配料位置后出现的情况。[43] 2 个月的时间里，研究人员简单地改变了 8 种沙拉配料——西蓝花、碎奶酪、鸡肉、黄瓜、煮鸡蛋、蘑菇、橄榄和番茄——的位置。他们发现，人们更多地选择放置在边缘的配料，而不是中间的那些。根据研究人员的计算，在一年的时间里，仅仅变换这些配料的位置就可以给一个人的体重带来 0.25 千克的变化。

这应该能使你停下片刻，仔细想想我们是如何选择的。这样做对我很有用。想想你选择某样东西是因为喜欢它吗，还是仅仅因为它就在你眼前？

最重要的是，该如何利用这些信息让自己受益?

研究表明，你可以做出改善自己行为的选择，甚至无须思考。举例来讲，如果把水瓶放在桌子上，而不是放在大约 0.5 米或 1 米远的地方，人们吃东西时就会喝更多的水。[44] 换句话讲，如果水就在眼前，你可能会在吃饭时喝更多的水。

还有一些研究观察了将食物从杂货店后面挪到前面时发生的情况。[45] 研究人员发现，将水果和蔬菜挪到店铺前面引人注目的展区时，人们会买得更多。这是有道理的。想想有多少次你在排队买杂货的时候冲动地买了苏打水、糖果或口香糖，只是因为它们在那儿而已。

商店知道我们会买方便取的食物。我们也可以利用同样的原理，在家里和工作中安排自己的食物选择。想想如何让吃健康食物变得不那么费力，甚至毫不费力。然后改造你的环境，这样想吃到你喜欢的健康、用心的食物就不那么困难了。

## 从饿怒到开心

**做自己选择的设计师**。1 根香蕉在手胜过 5 根放在杂货袋里的。所以请把想吃的食物置于视线可及的范围内，把健康零食放在公共环境中，把想吃的食物放在透明容器或袋子里。即使需要打开坚果罐的盖子，也能帮助你更经常性地选择坚果作为一种健康零食。还有，要把水果从袋子里拿出来放置。

**办公桌零食**。把健康零食放在办公桌上，你就不会忽视它们。那样你就会吃更多健康的食物，也就会很少盲目地看到什么就吃什么。

**提前备好零食**。紧靠门口放一碗精心准备的健康零食，这样出门时就不用在最后一刻找来找去，可以直接拿起来就走。

**预先切好蔬菜**。我的咨询者谈到，购买切好的蔬菜是最好的投资之一。水果或蔬菜如果已切好，我们食用的概率就会增加。预先切好的产品可能会贵一点，但你要把它看作对健康的一种投资。如果你把这些切好的食物全部吃光，而不是任由其变质，这就会是一种双赢。请想一想该把它们放在冰箱的什么位置。如果放在保鲜抽屉里，就可以对它们挥手说再见了，因为那儿是很容易被彻底忘记的地方。因此，请把水果和蔬菜放在冰箱里可以看到的地方，而不是抽屉里。

**蔬菜拼盘**。买一些容易放入意大利面和其他菜里的冷冻蔬菜，这样就无须费心去准备了。

**触手可及处备点水**。正如上述研究强调的，让桌上的水瓶一直盛满水，这样你就不必起来重新装水。为了帮助自己和家人更用心地管理饥饿，在手边放一个大水瓶是最简单的事情。自己也可以每天随身携带方便填充的水瓶。我家汽车后备厢里，总会放置些紧急情况下能使用的瓶装水，以备自己或他人之需。

**汽车零食**。在车的扶手或侧袋里塞一些精心准备的零食。这些眼皮底下的零食就可以帮你填饱肚子，不必再漫无目的地在免下车的快餐店间穿梭。

## 远离饿怒13：别把追剧当借口

“我不停地告诉自己，再看一集就上床睡觉。但我沉迷其中，无法自拔，直到把整季剧集看完才停下。看剧的时候我会吃零食，有时会在剧集之间休息一下，换一种零食吃。”

当我沉迷追剧时，我……

· 一直在吃零食。

· 至少吃一次零食。
· 可能会在饿的时候把电视暂停，吃点零食后马上回去继续看。
· 一点零食都不吃。

在我做心理学家的10年里，科技发生了很大变化。

它也会影响我们的饮食方式。

萨拉就是个很好的例子，她之前并不会盲目饮食，直到点播电视出现。很多人都认为点播电视是有史以来最棒的发明之一！在我们的谈话中，萨拉说当她需要坐着休息或放松时，沉迷追剧能有所帮助。她是一个不停奔波忙碌的妈妈，还有些许焦虑，很难放慢生活的脚步。沉浸在电视节目中能让她放松下来。

对萨拉和其他许多人来讲，这么做的负面影响是：沉迷电视节目是极有可能引发盲目饮食的因素。[46]通常来说，受无节制刷剧困扰的人也会有盲目饮食和暴饮暴食的困扰。它们都会带来同样的感受——逃离和快乐。同时做到这两点就能让人在这个世界获得完美的喘息时间。

但研究表明，我们看的时间越久，吃的东西就越多。而在看动作片或悲情片等内容时，我们会比看其他类型的节目时吃得更多。

这对萨拉来说的确如此。心烦意乱并处于舒适区时，她往往会吃得更多。在我们共同的努力下，她开始留意这种情况及其对自身习惯的影响。萨拉意识到，可能是因为沉迷于追剧的人往往跳过广告，所以那些令人沉迷的电视节目转而在播放中直接插入食物广告。当自己看到节目中的人大口嚼着东西，或是美味食物的画面时，她就会很想吃东西。

以前看电视剧不需要我们自我调节，或是告诉自己“不能再看了”，因为一部电视剧每周只放一集，一集只有一会儿工夫。

但如今我们需要使用前部大脑——前额叶皮层来做出可执行的决定，告诉自己该适时停止还是再多些欢乐。处于快乐之中、感到身心愉悦时，大脑会释放多巴胺，这是一种在享受任何带来美好感觉的事物（比如性行为、进食或观看几小时的优质电视节目）时流动的神经递质。它就像对大脑的“刺激”，但你会获得很多美好的感觉或是对任何事物上瘾，包括无节制地刷剧。结果呢？我们会开始感到麻木。大脑会想要更多的多巴胺，所以我们会继续进行当下的活动以获取更多。我们可能没有意识到这点，但这就是大脑中正在发生的事情。

关于无节制追剧，有些咨询者还存在另一个问题：他们会为了追剧一直熬夜到凌晨，这对健康和饿怒都有很大影响。他们不仅第二天会无精打采，而且缺少睡眠还会使其食欲激素紊乱。即使少睡1小时也会让你感到更饿。失眠时，人们会做出更多让他们后悔的决定——关于食物和生活中的其他一切事物。

所以我们需要学会及时刹车。

## 从饿怒到开心

**注意设定限制**。提前选择看多少集或者想花多少时间。这样到了停止观看的时间，有意识地做出决定会更容易些。

**跳过广告**。如果有广告就快进过去，这样就不会看到比萨和薯条的广告，如果你在与盲目饮食或强烈渴望进行斗争，那么这样做尤为重要！

**节约睡眠时间**。不要让我所谓的“放纵式马拉松咀嚼”减少你的睡眠时间。尽可能在合理的时间上床睡觉。设定最后期限，看电视不要超过那个时间！

**使用伙伴系统**。找个朋友一起观看，能帮助你诚实地遵守观看时间。好处是，有观众时我们往往吃得更少。

**快速戒掉坏习惯**。这里有一个坚定的选择——不要同时吃东西和看电视。保持一段时间。如果有零食，就把电视关掉，或者放到桌子上吃而不是窝在沙发上，要全神贯注地吃。

**避免饮酒**。无节制追剧时请尽量避免饮酒或食用其他食物。这些食物会让你更难停止观看，还增加了盲目饮食的可能性。

**谢绝包装袋**。如果看电视时吃东西，就把食物分装到碗里或盘子里，不要直接从袋子或盒子里吃东西。

**双手动起来**。有个咨询者会一边看电视一边编织，另一个咨询者则会忙于工作项目，不让双手闲下来。她说：“吃零食和编织不可能同时进行。”

## 远离饿怒14：放下手机，好好吃饭

“我和丈夫面对面坐在餐桌旁，但我俩都在看手机。吃饭的时候我们不会交谈，有时甚至只是隔着桌子给对方发信息。”

吃饭时，我……

· 一直都沉浸在手机里。

· 一有消息就会去查看手机。

· 会关掉手机，专心吃东西。

我的咨询者说：“我男朋友只顾玩手机而冷落了我。”

对我来说，“低头族”（phubbed）是个新词，就像饿怒一样，它是由两个词——手机（phone）和被冷落（snubbed）组合而来的俚语，用来形容科技对社交关系的影响。如果你也曾有此经历，可能会觉得因低头玩手机而冷落你的那个人对别人很不尊重或是粗鲁无礼。

据我所知，还没有人发明过一个词来描述因为喜欢玩手机而冷落食物的现象。但吃东西时，手机往往会吸引我们所有的注意力。我们会一只手拿着零食，另一只手不停地刷着社交媒体账号。

问题是，我们吃零食或吃饭时如果沉浸在手机中，就不会那么享受食物，也不会吃得那么用心。

《实验社会心理学》杂志上的一项研究观察了科技对300名参与者饮食习惯的影响。[47] 研究人员让他们外出进食，然后对进食时的情况做了调查。一组参与者携带手机，另一组则不。桌上放着手机的人群进食时使用手机的比例高达11%——每10分钟就要玩1分多钟手机。使用手机的参与者表示，他们的注意力更分散，较少参与社交活动，还提到自己用餐时明显没有那么享受。

如果你很难在吃饭时把手机放在一旁，你其实不是唯一这样的人。我的咨询者经常与改变这一习惯苦苦抗争。现如今，手机都要黏在我们手上了，我们靠它娱乐消遣，陪伴自己，分散注意力。

一项针对 2 000 名美国人饮食习惯的研究发现，许多人越来越不能专心吃饭了。大约 29% 的人表示现在每顿饭都离不开手机，超过 50% 的人表示吃饭时大部分时间都在玩手机，只有 17% 的人说他们从来不把手机放在桌子上。[48]

当你想把手机放到一边时，是不是觉得“哎呀，不可能”，没关系的。记住，只是把手机放到边上一小会儿，好处多多。你可以更享受晚餐，更清楚地知道自己吃的什么、吃了多少。

## 从饿怒到开心

**让手机远离餐桌**。请试一下这个简单的技巧，完全不需要改变你的食物！把智能手机放在车里或另一个房间，而不是放在包里或把手机扣过来放桌上。《消费者研究协会》杂志中的一项研究发现，即使手机静音、关机或被放到别处，仍然可以吸引你的注意力。[49]如果看到手机，脑海里就会想到它——可能有谁给你发了信息或者有什么想查找的东西。而且，当你知道手机就在附近时，即使你不用它，手机仍会吸引你的注意。研究发现，智能手机的出现降低了人们的工作记忆力，降低了解决问题的能力。

**关掉铃声**。如果不能把手机放在房间外面，请记住，声音是进食的一大干扰因素。即使是电子邮件“叮”的一声，也会打断你的注意力。《实验心理学杂志》的一项研究发现，听到手机振动或响铃，即使没去查看，也会影响个人认知任务的表现。[50]你会突然想：“会是谁呢？他们想做什么？”你不会再去想自己在吃什么，或享受食物和他人的陪伴。在餐桌上，手机沉默是金。

**使用科技产品收纳盒**。享受无科技的乐趣。找一个色彩缤纷的盒子，每个人（包括你在内）在饭前把电子产品放进去。理想情况下，可以把盒子放在充电口附近供充电使用。这可以使每个人养成进食时不发信息的习惯。

**偶尔查看一次——请用心**。如果你离不开手机，那就请用心查看消息。正如上文指出的，离开手机后人会变得焦虑，而焦虑状态下就无法做出较好的食物决策。因此，查看手机有时可减少焦虑，使我们更清楚地思考该吃些什么。但通常情况下，我们其实没有必要查看手机，许多人只是下意识去看，成了一种自动的习惯。如果你想在吃饭时看手机，那就有意识地去看。饭前先制订一个计划："吃完三明治后，我会休息一下看看手机，然后就把手机收起来，再吃苹果。"当你试着不在吃东西时看手机，就可以更用心地把两件事都做好。

## 远离饿怒15：零食不能当正餐

"我的一天中会发生很多次零食事件，通常是在等待准备晚餐时。因为太饿了，我就开始吃零食，搜寻各种零食试吃，而我其实并非有意为之。然后我就变得不再渴望一直等待的那顿饭了。"

谈及零食，我……

- 吃很多零食，而且经常吃。

· 有时吃零食，然后一不小心会吃得太多。

· 从来不吃零食，只在指定的时间吃东西，即使这样会导致两餐之间爆发饿怒。

· 喜欢吃零食，而且很注意分量。

咨询者们用“零食事件”来形容这样一种情形：他们无意中发现自己吃了比预想的还要多的零食。

这完全是无意中发生的。你伸手拿了一把腰果，但在你意识到之前，半罐都已经吃完了。它不仅没带走饥饿，还会让你饱胀得很不舒服。

“零食事件”能发生在任何地方。你可能正站在厨房里，突然把手伸进橱柜上一袋打开的薯片里。或是你可能在工作，眼角余光瞥到一碗燕麦棒。在你意识到之前，周围就已经都是吃空了的包装袋，而你其实并非故意让事情变得这样的。

“零食事件”悄然出现时，往往是大多数人真需要吃零食的时候。他们刚好意识到自己饿了，但因为忙碌陷入了盲目区，然后就不知道自己到底吃了多少。不注意的时候，很容易超出他们的胃口，本来吃几下就可以缓解饥饿，他们却一直在吃，停不下来。

“零食事件”的弊端是让一些咨询者对吃零食产生了怀疑。因为不想发生“零食事件”，所以选择完全避开，但之后感觉非常饥饿时，又不知该如何是好。

也有一些咨询者有时整天都在吃零食。我问他们今天吃了什么或吃了多少，他们会举起手说：“我不知道。”他们其实并不打算吃太多，但在不假思索吃零食时，又太容易过度饮食。

这并不少见。一项关于零食的研究观察了给零食或食物贴上标签会有哪些影响，以及吃零食和正餐的地点是否会有影响。[51]实验为 80 名女性参与者提供了意大利面，其中一些贴上了零食的标签，放在餐盒中让参与者站着吃。有些则贴上正餐的标签，放在盘子里让参与者坐在桌旁吃。研究人员发现，将意大利面标记为零食且让人们站着吃的话，他们要比从盘子里吃的多。这并不奇怪。当我们认为自己吃的“仅仅是零食”的话，往往不太会注意吃了多少，而且站着吃东西也会让我们心不在焉。

吃完意大利面后，研究人员又给了参与者巧克力。相较于认为自己吃了正餐的人来讲，那些认为自己刚吃了一份零食的人食用的巧克力更多。研究人员认为，觉得自己吃了零食的人之所以吃得更多，是因为他们觉得之后会感到饥饿——之前吃的只是一种零食而已。

## 从饿怒到开心

我告诉参与饿怒管理项目的咨询者，零食是很好的，而且很有必要！零食能为我们控制饥饿提供极大的帮助，避免饿怒发作。关键是要用心地吃零食。我们从以上研究中得知，如果你正打算吃零食，选择合适的零食是非常重要的。

**用心吃零食**。用“snack”（零食）的每个字母代表的词来避免无意识饮食。

**S—慢下来（Slow down）。有意识地选择零食。不要只吃第一眼看到或立即能拿到的零食。问问自己真正想要的是什么。**

**N—注意饥饿(Notice your hunger)。**你有多饿？从1(极饿）到10（极饱）进行评分，参考评分，看自己需要多吃点还是少吃点零食。

**A—问问自己有哪些选择(Ask yourself)。**说出3种现在可以吃的零食。

**C—认真选择（Choose thoughtfully）。**问问自己，这种零食能满足我的需要吗？它能让我摆脱饥饿，还是能带给我真正渴望的味道？

**K—善良友好（Kindness）。**吃零食时问问自己："我现在这么做对自己的身体友好吗？停下来好还是继续吃更好？"如果你想再吃一口，那就继续吃，直到满意为止。

**设置零食提示。**为了帮助你保持零食心态，不妨听从上述研究中的建议，有意识地思考"零食"这个词。用一个小盘子或烤碗代替晚餐盘或沙拉碗——正餐时所用的餐具。或者试着把零食放在餐巾纸上，这能明确地提醒自己"这是零食"。或是在包装袋上贴上"零食"这个词，然后坐下来吃！

## 远离饿怒16：饮食"信号灯"

"我喜欢饿怒管理项目，其中一些技巧真的很简单，不需要花大力气。我最喜欢的一个技巧会用到红色的盘子，我立刻就出去买了一个。在家时，我总是把零食放在这个盘子里吃，提醒自己重点不是避开或不吃零食，而是要放慢速度。这个提醒很不经意，而我很需要它，因为我有很多要考虑的事情。”

当我该停止吃东西时，我……

· 会一直吃，直到吃完为止。

· 一旦觉得吃饱了，就不得不一直有意识地告诉自己不能再吃了。

· 会设置提醒，让自己记得停止吃东西。

· 吃饱了就会自动停下来，不需要太费力气或考虑太多。

有个咨询者为她所在高中的科学博览会做了一个关于食物颜色的试验。她观察了颜色如何影响人们对食物的评价。试验案例是两个白色蛋糕：一个涂上草莓粉色，另一个涂上深蓝色。

结果可能并不会令你吃惊。虽然两个蛋糕的味道完全一样，但大家都认为粉色的更好吃一些。

这位咨询者选择深蓝色，是因为深蓝色通常不被看作能引发食欲的颜色——除了蓝莓。有些食物呈蓝色可能是天然的，但自然界中的蓝色食物并不多。我们更习惯于看到红色食物，像铁粉色的肉类，或是含有叶绿素的绿色食物。最近一项研究甚至发现，将食物放在蓝色灯光下会使其看上去更加没有食欲，人们会吃得更少。[52,53]

营销人员总是用颜色影响我们对各种食物的口味喜好。例如，葡萄酒标签的颜色会影响我们对葡萄酒味道的期望。红黑色标签最可能让人觉得味道很浓烈，但红橙色的标签最可能使人联想到水果和花香。[54]

颜色不仅影响我们对食物味道的期望，还会改变我们的行为。

红色是最有力量的颜色之一，影响我们的思维方式和实际行动。想想一个停车标志，即使上面没有文字说明，你仍然会停车，因为你会对颜色做出反应。

此外，相关研究证明，颜色也会影响我们与食物间的互动。在一个针对健康和不健康食物的实验中，在食物附近使用红色有助于减少人们吃到的不健康食物的量。[55] 有趣的是，这种颜色在减少健康食物的数量方面没有那么强烈的效果，很可能是因为在听到“健康”这个词时，我们认为自己可以无限量地吃。这种联想可能要比红色的联想更为强烈。

另一项关于红色的研究中，相较于蓝色标签的食物，消费者会花更长的时间来决定是否选择带红色标签的食物，这表明存在一种不同的认知过程：一看到红色大脑就会放慢思考速度。[56] 其他研究也显示红色的影响很强烈，在日常生活中看到这些颜色时我们一般会认为，红色代表停止，绿色代表前行。[57]

为什么不好好利用这种反应呢？使用红色是一种简单的方法，可以接入已编码到大脑中的自动反应。

## 从饿怒到开心

**使用红色盘子**。一项研究观察了使用红、蓝、白三色盘子的情况，结果显示红色盘子中的食物人们吃的最少。[58] 换句话讲，红色能让人下意识地放慢速度，但不必完全停下来。请考虑使用红色杯子、红色餐具，还有红色餐巾纸吧！

**绿色代表通行**。一项研究，用红色或绿色标记糖块，人们认为用绿色标记的糖块会更健康。[59] 而且研究证明，看到绿色时，我们会联想到“通行”或“健康”。[60] 所以，请把健康零食放在绿色容器中，或者在橱柜上放一个绿色零食碗，装一些健康零食，这会让你想去“吃”这些零食！

**用心的微笑**。想提醒自己吃健康零食吗？在市中心的一所小学里，午餐排队时间会在健康食物上放置绿色的笑脸表情。结果，添加笑脸标签后，纯牛奶的购买量从原有的 7.4% 上升到 17.9%。巧克力牛奶的消费量下降了 20% 左右。不仅如此，蔬菜的购买量也显著提升。因此，请在便条上画一张笑脸，把它贴在确定要用心吃的零食上。[61] 或者拿一个记号笔，在盒子或包装袋上画一个笑脸！

## 远离饿怒17：吃在途中

“以前我和丈夫旅行时总会吵架。而我们在假期中又通常很活跃，骑自行车或是徒步旅行。如果不带上足够的零食，一次愉快的观光旅行就会立刻演变为一场争吵比赛——主要是因为我俩都会出现饿怒症。经历一番我才认识到，带上零食会拯救我们的假期！”

旅行时，我……

- 很难在旅途中找到健康的食物。

- 经常找不到想吃的东西，光寻找就浪费了很多时间。
- 会提前在互联网上选好餐馆。
- 会带很多零食，这样就可以撑到发现自己想吃的东西。

你的旅行是说走就走的吗？如果是，你可能想到的一件事就是食物：“出发之后我要吃什么？”

无论是去迪士尼乐园度假还是因公出差，旅行都会给咨询者带来很多饮食焦虑。他们担心在外面吃饭吃得过多，但也担心会错过美食。如果去波士顿，就会想吃到蛤蜊浓汤，如果去意大利，就会想吃到意大利面。

我的咨询者也在为出差时如何正念饮食而备感苦恼。研究表明，相较于其他人，经常出差的人更易受饮食和体重问题的困扰。[62]

旅行时，我们的作息规律被改变，选择也会面临巨大变化。首先，时间表被安排得满满当当。旅行时人的睡眠模式经常改变，从而导致食欲大增，且常常面临倒时差。旅行还会给身体带来压力，进而产生压力性进食。我知道如果没睡在自己床上，我永远都睡不好。再有，旅途中，我们对食物通常都不大熟悉，或者选择有限。有时就是在“我太饿了，就吃休息站的比萨吧”或是“打个赌，再走 16 千米就会有更好的选择”之间博弈而已。在家时，决定吃什么就已经很困难了，离家后就难上加难了。

一天内的短途旅行和长途旅行其实一样艰难。有一次，我们一家自驾 1.5 小时前往哥伦布动物园游玩。见到动物的兴奋感让我们完全忘记了吃饭。没一会儿，我注意到孩子们变得无精打采，开始抱怨起来。于是我让他们在阴凉处坐下，拿了些小零食。花时间准备零食可能会很麻烦，但吃点东西，在阴凉处休息会儿后，他们就立马有了精神，之后也不再抱怨，可见这样做是非常值得的。

旅行不一定会导致饿怒爆发，无论是孩子，还是我们自己都是如此。我们旅行时需要提前计划好各种细节，从打包到后勤储备。为了掌控饥饿，我们也需要做好计划。

### 从饿怒到开心

**带便携式营养零食**。旅行往往会涉及很多运动和活动项目。长途跋涉、购物之旅、山路驾驶或是在海滩上度过一天，都需要消耗很多体力。因此，需要给身体补充富含蛋白质的食物，如坚果、奶酪、肉干、蛋白棒、杏仁或花生酱。

**光顾小卖部**。无论你去哪里，都有可能见到小卖部。所以请不要只在沿途餐馆停下来，找一家小卖部，然后在沙拉台或农产品区吃些零食。

**在车上玩游戏**。路上感觉无聊时，往往会盲目进食。所以，在车上玩玩游戏或听听有声读物可以让大脑忙碌起来。

**冻瓶冰水**。喝水可以帮你避免旅行疲惫以及因待在车里无聊而产生对垃圾食品的渴望。冰水或冷水瓶还可以兼作按摩器，坐车或坐飞机时放一个在脖子后面，耸肩转动水瓶，也可以放在脚下降温，冰块化掉后还能喝上一口！

**使用手机程序**。旅行之前，使用一些手机应用程序做好食物选择规划，可以帮你在途中找到更健康的餐厅。

**试试蛋白粉**。旅行需要很多能量！带一些蛋白粉，可放入酸奶、燕麦片、牛奶等食物中。

**补充营养**。旅行可能会让身体吃不消。即使少睡 1 小时，也会导致你想吃更多东西。一定要随身携带维生素和褪黑素，保持好睡眠和好食欲。

## 小结：远离饿怒的家庭和常去之处

无论是在家做饭，还是在办公室吃东西，抑或是在餐馆里进餐，吃饭的地点和餐具的类型都会影响你能否正念饮食。也许我们希望在饿的时候就能吃到东西。但一段时间后，就会发现这并非事实，也不实际。

读完本章后，你很可能会开始仔细环顾四周。请花些时间，360 度转动身体，看看自己吃饭的地方及餐盘。请记住，这些因素可能会很隐蔽，有时它们会对正念饮食有所帮助，而有时却不会。关键是要注意到它们！

远离饿怒的家庭和常去之处检查单：

☐ 我很注意（用盘子、杯子、餐巾）吃的东西。

☐ 我会有策略地摆放和存放食物。

☐ 为了防止自己乱吃东西，我把食物放在够不到的地方。

☐ 我看电视时很注意自己的饮食。

☐ 我不在屏幕前吃东西。

☐ 我知道什么时候该吃零食，对此心里有数。

☐ 我用有效提示提醒自己正念饮食，停止盲目进食。

☐ 我旅行时能做到正念饮食。

## 第三章

# 倾听饥饿之声

咨询者谈到饥饿时，我脑海中浮现的画面是这样的：饥饿就像烦人的邻居，天天都在不停地敲他们家的门。每天，这样的邻居都会过来要点什么，但并不总是同样的东西。有时候他们在门口支支吾吾，自己也不确定想要的是什么。有时他们又很清楚要找什么，比如做家务活的锤子，于是你就得跑去给他们拿锤子。可有时，你把锤子拿回来后，他们会说："我真想要的不是这个，你有螺丝刀吗？"这就像你明明吃着花生酱三明治，却说："不，我其实想吃的是奶酪通心粉"。

通常情况下，人们会忽视这个纠缠不清又惹人讨厌的邻居。我的咨询者也常常想假装没听到饥饿的敲门声。也许忽视了饥饿，它就会自动离开。但我们忽视时，敲门声就会更大。肚子会咕咕抱怨，人也变得更加易怒。因此，回避并不是最好的选择。

有时饥饿的敲门声会让人抓狂。咨询者会感觉受够了。"你现在到底想要什么？"他们想大声咆哮，想弄清楚饥饿到底想要些什么，这让他们十分恼火，选择吃什么很让人头疼。

其他时候，人们会花很大力气取悦饥饿，而不仅仅是满足它。我们认为必须吃到完美的食物才行，而不只是满意。当我们总想着完美的东西，反而会不知不觉陷入饿怒之中。

与其忽视、安抚或对抗饥饿，不如邀请它进屋聊一聊，以便好好了解下彼此。这样一来，下一次你就不会再沮丧。你甚至可以预测饥饿需要的是什么，在听到敲门声时就准备好，让它在门口等着。

饥饿并无好坏之分，只是身体传达出的信息，而我们需要做的是学着理解这些信息。在本节中，你将学会如何评估饥饿程度，一步一步走向饥饿并和它近距离接触。了解饥饿是如何发生的，并让饿怒中的你变为一个更快乐的人。

## 倾听饥饿之声18：挂掉饿怒的电话

“丈夫建议晚餐做花椰菜时，我的无意识反应是眯着眼睛，摇摇头说：‘哎呀！这可不行。’我甚至都没认真想过这件事，因为一直以来我只是很讨厌花椰菜。我开始意识到自己其实不太能接受新食物，特别是以前我觉得乏味的食物。饿怒管理项目使我更清楚地意识到自己的内心对话非常强大，头脑中的那个声音控制着我的食物选择。”

关于食物的内心对话，我……

- 不和自己谈论食物选择，只是在吃东西。
- 经常为了关于该吃什么和自己辩论。
- 有意识地思考食物选择。
- 非常注意对食物选择的看法。

语言很重要。我们如何和自己谈论所吃的食物对饮食方式有着强烈的影响。

我们之所以会对食物有消极的感觉，是因为与节食相关的语言太过消极，甚至粗暴。请想一想吧。

“消灭饥饿！”

“征服欲望！”

“镇压食欲！”

这样的语言很难让节食或是吃东西看起来是一种快乐的活动。

无论是否已意识到，我们都在不断与自己讨论所吃的食物。因此，我鼓励咨询者留意这个小小的内心声音，它会不断给出评论。因为这种对话的影响是很大的，比如我们对自己说“噫！芦笋看起来很恶心”，那么不管芦笋可能有多好吃，我们都不会去尝试了。

为了改变以往盲目进食的习惯，我们可以在谈论食物的方式上做两个重要但简单的改变。

第一个改变是，我让咨询者重新思考他们是如何使用“饱腹”这个词的。咨询者经常会谈到他们想要感觉“饱腹”。但他们想要的感觉到底意味着什么呢？是否仅仅是一种身体的感觉——肚子鼓鼓或是充实的感觉，还是有其他的含义？我建议咨询者不要想着“饱腹”，而是开始思考到底是什么让他们感到满足——是满意、高兴，还是开始接受事物？我一直鼓励咨询者注意满足感不仅仅是生理层面的感觉，也是心理组成部分。理解这一点其实很重要，因为我们吃饱后，可能并不总会觉得饱腹。身体传感器需要在饭后几分钟才会有饱腹感。而当咨询者真正感到肚里食物满满时，通常他们已经吃得过多了。

为了改变咨询者的饱腹观，我让他们想象一个空的纸质购物袋。然后让他们在脑海中想象填满它。结果，他们经常告诉我，自己会想象把纸袋完全填满，但还有东西会装不下。

然后我会说："请现在想象一下，把袋子装满，但更方便携带。"这一次他们想象的袋子看起来很不一样，留了一些空间，且不会因为要把边边角角都塞满而备感压力。其实我们填饱肚子的方式也是如此。

第二个重要的转变是在思维上，要开始注意谈论某些食物的方式，特别是健康食物。

咨询者谈论食物时，我会仔细聆听并注意他们说的每一个字。是快乐的字眼——享受、品味、欣赏、感觉很好、充满力量、补充能量，还是消极的字眼——无聊、乏味、讨厌、单调、不舒服、不应该、糟糕？有时，沟通甚至并不是口头上的，咨询者谈论某些食物（比如蔬菜）时，总是会皱起鼻子。

从咨询者的话语选择中我听见了他们内心的声音。而在识别出这个声音在说什么时，我们就可以开始积极地利用好这一有力的工具。

在一项研究中，研究人员使用不同类别的语言来标记绿豆。普通标签是绿豆。另一个标签强调豆子很健康，但提醒食客要限制饮食："低碳水化合物绿豆和小葱。"还有一个盘子上的标签让人觉得更加积极健康："健康赋能的绿豆和小葱。"最后一个标签把菜品描述成享受："甜滋滋的绿豆和香脆的小葱。"食客中选择带有享受标签的蔬菜比普通标签的多25%，比更加积极健康标签的多35%，比健康限制级标签的多41%。有趣的是，相较于强调蔬菜健康有益的标签，食客似乎更喜欢带有普通标签的食物。[63]遗憾的是，人们对一些健康食物往往有刻板印象，觉得不大好吃。

谈论食物的方式很重要。要注意思考方式，这样将改变你的饮食方式。

### 从饿怒到开心

**注意语言**。每当和自己说起进食的内容和方式时，要注意倾听。什么都不必做，只要听就好。我让人们一边想象饿怒发作时的声音，一边想象健康快乐时的声音。在做食物选择时，要注意是哪个声音在说话。饿怒发作的声音听起来像什么——脾气暴躁的老人还是粗鲁尖刻的评论员？那个鼓励你吃健康食物的声音呢，是不是像支持你的朋友或是善良的父母呢？

**肯定自己**。咨询者一开始经常使用的语言响亮而清晰地传达着他们不相信自己能够做到。他们会说“我在正念饮食上失败过很多次”、“我不行”或是“我没有自制力”等诸如此类的话语。研究表明，这类语言会使人陷入旧有习惯的束缚中。[64]但研究同时表明，自我肯定的话语会让人更有意识地控制自己的选择。所以用积极的想法取代消极的想法吧，比如“虽然这很难，但我可以做到。我能够坚持不懈，只要努力，任何事都可以办到。”[65]

**重新定义饱腹感**。你不应该为了吃饱而进食，而是要有目的地吃东西，直到不再感到饥饿为止，然后问问自己：“我满足了吗？”

**获得乐趣。**通过自己的描述获得乐趣是一个接受新食物的好方法，上文我提到的研究也建议如此。每次吃东西时，选择 3 个有趣的形容词来描述自己正在吃的食物，比如，“我那如丝般柔滑的古法希腊酸奶”。读到这一形容时，你笑了吗？真的，语言能让我们快乐！

## 倾听饥饿之声19：预见饿怒

“我尝试预测每晚家人在何时会饿，这样就能在合适的时间给他们做晚餐。如果做得太晚，他们会开始吃零食，在厨房里搜寻吃的，破坏了食欲。如果太早，他们也吃不了多少，我还会觉得沮丧。我希望能在 6 点准时吃饭，但总是事与愿违。一些日常活动（如体育训练）使得我们不得不应付着吃一些，或是由于交通堵塞，妻子下班回家比较晚。”

谈及何时意识到自己饿了，通常情况是我……

- 已经坠入饥饿的深渊，为时已晚。
- 会开始感到烦躁，知道是因为饿了。
- 立刻就能发现。
- 能预见自己什么时候可能需要吃些东西。

餐馆和食品公司了解我们容易感到饥饿的方式和时间，他们利用对我们的食欲的了解来实现各自的商业利益。

例如，麦当劳与谷歌合作，在世界杯期间利用实时数据配送麦乐送订单。与香港浩腾媒体机构合作时，麦当劳将谷歌的实时触发程序投放给广告商，通过数据管理平台预测比赛期间球迷饥饿的时间，及时推送广告吸引他们下单。[66,67]

足球迷在兴奋时会感到饥饿，“饥饿时刻”正是据此计算而来。因而，广告会在比赛开始、半场、结束以及任何一个进球时刻做出推送。

广告商知道，对我们的饥饿何时到来做出预测是让我们购买食物的关键。但实践中我发现，预见自己的饥饿何时出现，反而帮助我们更好地选择该在何时吃什么食物。有意识地预见饥饿是应对饿怒的有效防范措施之一。

大多数人都知道该如何预见生活中的问题，虽然我们不能总是预见未来，但可以根据经验预见可能出现的错误。例如，我在世界各地做正念饮食的演讲时，总是会面临两大挑战：技术支持不给力或是主办方讲义准备不足。无论出现哪一个，演讲都会戛然而止。因此，我学会了预见问题并给出相应的解决方法——备份演讲稿并准备好额外的讲义。

多数人很难预见自己的饥饿。但有时，我们很擅长预见身边人的饥饿，尤其是伴侣和孩子。我们能看到约 3 米外的迹象——伴侣在厨房里走来走去，孩子开始看到什么就吃什么，或者出现烦躁的迹象。

发现自己饥饿来临其实更具挑战性。虽然咨询者都很好地计划该如何应对饥饿，可一旦遇到突发情况，事情便会朝另一个方向发展：他们时间紧迫，来不及带走原计划选择的食物；工作时事务繁忙，不能像平常一样走出大楼选择食物。

因此不仅要预见饥饿的到来，还要制订好计划。我在生活中也发现了这一点。多年来我一直都关注自己的饥饿，知道一般过多久会有饥饿的感觉。同时我还知道什么时候饿怒容易出现，比如星期四早上，那天我会比平时起得更早，运动量更大，还会有更多的人前来咨询。我知道每周都会如此，由此会提前计划好。但是，如果不考虑计划可能会出哪些问题，遇到什么突发状况，我仍然很可能出现饿怒。

为防止这种情况发生，就需要采取额外的措施：即使一天中充满了意外，也要预先考虑到可能发生的所有小问题，并采取措施确保一切情况处于正轨。

## 从饿怒到开心

**调查饥饿**。要想制订一个可行计划来应对饿怒，就要花点时间想想自己什么时候最可能产生饿怒——以及能做些什么。问自己一系列关于“什么”的问题。

> 在**什么**地方最容易觉得饿？办公室、家里、路上，还是别的地方？
>
> **什么**时候会觉得饿？早晨、晚上、周末，还是某些特定的日子？
>
> 为**什么**这样做的时候往往会觉得饿？因为无聊、太忙，还是两餐之间隔了太久？
>
> 饥饿的信号是**什么**？开始想到食物，变得易怒，还是

感到昏昏欲睡呢?

**使用饿怒预警系统**。预防饥饿意味着要领先一步。好消息是身体确实能给出一些警示信号。在饥饿之前,我们会感到阵痛。但很多人都会一直等,等到饥饿冲昏头脑,自己已经饿得不行了。到那时,我们就能很清楚但痛苦地意识到自己急需食物。

一天之中,每隔一小时左右就花点时间停下来,留意自己的饥饿程度。记录自己每个小时的感受,或者花点时间留心一整天的饥饿状态,可以采用下面的评级系统。

**饿怒预警系统**

**(1)满足:不需要吃东西**

处于正常的休息状态

当下不觉得饥饿

不会想到食物

**(2)饥饿初现:意识到饥饿**

考虑食物选择

开始注意到饥饿的迹象

**(3)饥饿:现在就要吃**

想了很多与食物有关的事

计划要吃什么

需要吃零食或正餐

感到精力不足

**(4)饥肠辘辘:紧急!**

感觉精力耗尽

变得暴躁易怒

肚子咕咕直叫

渴望食物

寻找食物

**（5）太晚了！饿怒预警！**

很难专注或集中注意力

感觉没那么耐心

对小事反应过度

思维和记忆开始模糊

出现头痛

感到困倦

微小的压力源就会激怒自己

感觉一切都是大事，觉得很难

斥责他人或说出不像自己会讲的话

过后会后悔自己的决定

**制定饿怒计划**。问一问自己——针对预警系统的每个级别，我制订了什么计划？写下每个阶段能做的事。例如，“如果处于紧急级别，我要立刻停下手头的事儿，去吃些耐饿的 X 零食。”

**解决计划中的问题**。问一问自己，计划实施中会出现什么问题。列出可能在一天中成为阻碍的三件事：孩子生病？让人疲惫不堪的会议？有志成为企业家的人喋喋不休地谈论接下来的大项目？怎样做才能解决这些问题呢？答案往往并不是理想的选择，却是能在紧要关头发挥作用的办法——即使其他一切都出了问题，此刻它也能帮你渡过难关。

## 倾听饥饿之声20：应对饿怒焦虑

“天哪，我要饿死了！我丈夫说，我饿的时候恨不得向全世界宣告。他说的挺有道理。确实是这样，我觉得这就像紧急情况，我似乎有点恐慌。现在我到底该怎么办？”

饿的时候，我……

- 想着：“哦，不！我饿了。现在该怎么办？我不知道该吃什么。”
- 感到焦虑，开始为吃什么而烦恼。
- 想到听起来既美味又健康的食物，会幻想一会儿。
- 看看手头有些什么食物，哪些听上去不错，然后从容制订计划。

我记得6月底曾参加了一个午后户外婚礼。和许多婚礼一样，婚礼仪式和随后的招待宴席间隔的时间很久。我知道丈夫穿着海军装会流汗，这让他更不适。于是我意识到，仪式和宴席之间被我称为“饿怒焦虑”的东西会对我们产生怎样的影响。我们没吃任何东西，等了很久。而且，要等到招待宴席开始，到合适的晚餐时间才能吃上东西，中间还需要再等两个多小时，那该怎么办呢？此外，可能因为肚里没有实实在在的食物，喝鸡尾酒让我昏昏欲睡。我其实很想享受婚礼过程，但我知道如果不想出一个可行的方法，丈夫就会变得很暴躁，搞得一团糟。

其实许多咨询者也在与饿怒焦虑做斗争。

简单地讲，饿怒焦虑就是饥饿带来的焦虑感。有时你可能只是有点焦虑，内心浮躁，或是为该吃些什么而烦恼："有哪些可吃的呢？没什么好吃的食物。"有时饿怒焦虑也会让人完全崩溃，且很有可能不只在饥饿状态下才发生。对一些咨询者来讲，哪怕是想到自己可能会饿，都会带来焦虑感。

饿怒焦虑还可能十分强烈，以至于人们并不想与之抗衡。研究表明，从生物学的角度看，这是说得通的。在穴居时代，饥饿是一个真实存在的大问题，它意味着你得去打猎或拾荒。如果找不到东西吃，你可能会饿上好几天。现代环境下，世界各地甚至是与我们比邻而居之处，仍然会有人因为没有食物而忍饥挨饿。在战火纷飞或遭遇自然灾害的国家中，儿童饱受饥饿摧残的画面会不时萦绕在我们脑海中。因此，在某些情况下，与饥饿相关的往往是真实的突发事件、危险或饥荒。如果感到饥饿会让你倍觉恐慌，请不要对自己太苛刻。要知道，这一感觉是根植于现实生活的。

到底是什么引起饿怒焦虑的呢？有些是这样产生的：一旦意识到自己饿了，你就必须做出决定，而知道该去做什么并不总是那么容易。

坏消息是，感到饿怒焦虑的人常常会通过吃东西来控制。他们嘴里总要咬点或嚼点东西才好让紧张的神经平静下来。这种方法虽然可以理解，但通常并非最佳选择。

在与有焦虑症（无论是哪一种焦虑）的人共事时，我已了解到，拥有一种“逃跑计划”能极大地缓解焦虑。例如，有些人会因参加毕业晚会而焦虑，但如果提前计划好，让他们在不知所措时能优雅地离开，他们就会轻松很多。知道自己可以离开，但他们往往并不是真的会这样做。只是知道有此计划就能让他们放松下来，从而更好地享受整个过程。

同样的方法也适用于饿怒焦虑。如果有应对的方法，你就可以克服焦虑饮食，饥饿来临时就不会因不知道该做什么而感到无助！

## 从饿怒到开心

**休息一下**。如果饥饿时感到焦虑不安，那也没有关系。提醒自己，饥饿感是一种正常而自然的感觉。不要因浪费时间感到难过，而是要思考下一步该做什么。

**与饥饿融洽相处**。尝试自如地应对轻微的饥饿。一阵阵饥饿可能会令你感到不适，但并不会造成真正的伤害。请和饥饿融洽相处，这样就可以从中了解到身体哪个部位会因饥饿出现不适。在饮食的不同时间点进行尝试，看看不同程度的饥饿是什么感觉。

**学会区别**。有时我们会把饥饿和焦虑混为一谈，所以要注意身体在何时何地会感到焦虑。是什么让你发现自己焦虑了？呼吸较快，紧咬牙齿，还是其他的迹象？要留意并确保自己知晓焦虑和饥饿的区别。焦虑会以更多的方式出现，比如心跳加快、呼吸急促。饥饿主要集中在胃部、精力水平、情绪以及对食物的想法。

**做好饿怒焦虑计划**。画一棵“决策树”来提醒自己在感到饥饿时应如何应对，或者称之为“如果X，那么Y”计划。列出可能的场景以及应对的方法。例如，我有个个人计划，如果开车时感到饥饿，想吃东西，我会停下车，把放在扶手那里的一袋杏仁吃掉。我不担心饥饿，因为知道这些杏仁是健康的选择，能让我安然度过此刻。除了应对饥饿的计划，你还要为自己制订一个应对焦虑的计划。先从慢慢做深呼吸开始，让自己从“非战即逃”的反应中平静下来，再决定平复焦虑的最佳方法。

## 倾听饥饿之声21：做饥饿的低语者

“我的日程安排让我忙到疯，为了把事情做完我马不停蹄。”

谈及注意饥饿，我……

· 太忙了，真的没注意到自己饿了。

· 经常知道自己什么时候会饿，却选择了忽略。

· 试着检查自己的身体，看看是真的饿了或是饱了。

· 清楚地知道自己什么时候饿，什么时候饱。

正念饮食的艺术可以归纳为：倾听。

倾听饥饿的声音。有时，我们能够听到饥饿的声音，响亮而清晰。我们会认真对待它，感同身受，并试着让情况更好。我们意识到自己度过了漫长的一天，内心渴望获得温暖而丰盈的感受。

然而，有时我们置若罔闻，因为忙碌而忽视了十分响亮、清晰的饥饿提示，或者我们只是不想听到而已，没有对饥饿做出回应，只是在内心里说：“嘘，给我安静点！”

倾听饥饿与倾听你的另一半没有什么区别。有一天，咨询者向我讲述了有关她丈夫的一件事。早上，她告诉丈夫接孩子们的时间和地点，他看起来是在听，甚至还点头说：“玩得开心点儿！”但下午3点左右，他有点慌张地打来电话：“你之前说了关于孩子的什么事情？我应该几点在哪里接他们？”她才知道，之前他听得心不在焉。

我的咨询者开始感到饥饿时，往往与此反应相同。在生活中奋力前行时，他们与身体交流的渠道通常并不畅通，或者交流时三心二意。然后，该付诸行动之时便会毫无头绪。若对饥饿没有做出反应，身体会静默一会儿，但稍后饥饿会再次袭来，甚至比之前更强烈。有一个咨询者最喜欢的箴言是，“若倾听身体低语，就不必听它尖叫。”

身体一直在给你传递信号。比如，撞到手臂时，你的身体会发出疼痛信号，你通常会揉揉痛处，做出回应，但这不是行动。疼痛时，我们的行动往往是试着寻求同情和慰藉。相比饥饿，我们一般会对身体其他的感觉更为敏感。

一些咨询者现在能做到专心倾听身体的声音，他们之前都曾经历过艰难的历程，把身体逼到了受伤的边缘。现在意识到，在身体告诉他们该停下时，他们已超过所能承受的极限，为此他们付出了代价。通常来说，对食物过敏的人都学会了倾听身体。我的朋友莉拉对牛奶过敏，哪怕是喝一点点牛奶，也会立即吐出来，因为身体会觉得牛奶是外来入侵者。也因此，她对食物很谨慎，否则身体就会觉得很不好受。

为防止出现饿怒，我们需要学会调节饥饿感并使其恢复正常。当咨询者学会用心倾听饥饿时，这样的事就会发生：他们做到了深思熟虑，专心应对。

## 从饿怒到开心

**倾听饥饿**。倾听饥饿有一个诀窍，即开始倾听时要专心致志，怀有同理心。不仅要听到你饿了，还要立刻对自己的需求做出回应。看看下面这些不同程度的倾听方式：

**用心型倾听。**全心全意地倾听饥饿。“我知道自己饿了，真不舒服，无精打采的，现在该怎么办呢？我需要能让我精力充沛的食物。”

**专注型倾听。**注意力集中在身体传递的饥饿信号而忽视与之有关的情绪。“我就只是饿了。”

**选择型倾听。**只听自己感兴趣的部分。“我可以吃点东西，我只想吃糖果！”

**假装型倾听。**假装你在倾听，实则没有认真对待。“好了好了，我知道自己饿了，一会儿我就去吃。”

**忽视。**毫不用心地倾听。较之其他事情，好像饥饿无关紧要。“我不该饿的，3 小时前我才刚吃过东西。”问问你自己：“目前我属于哪种类型的倾听饥饿？”接着开始使用这些技巧，用心、投入地倾听饥饿。

**慢下来**。“越安静，越能听到更多的声音。”——拉姆 · 达斯。

汽车引擎加速运转时，你听不到多少其他声音。要让自己身体的引擎静下来，就得放慢脚步，花些时间盘点一下个人感受。每天至少停下来三次聆听自己的身体。

**了解身体信号**。把饥饿视作身体这辆汽车的引擎检测灯。身体一直都和你有交流。比如，当你累了，身体会发出明确的信号——眼皮开始变沉，呼吸变缓；随着疲劳加重，你开始打哈欠。那么饿的时候身体会有什么信号呢？越来越饿时又会如何变化呢？

**尝试瑜伽姿势**。倘若很难听到身体的声音，瑜伽是了解自己身体的好办法。你可以坐在椅子上，试试这个瑜伽姿势：坐下，膝盖弯曲 90 度，双脚平放。脚后跟往下压，尽量不要让脚向椅子方向移动或使用手臂，身体前移至站立的姿势。站立后，再慢慢保持上身直立姿势坐下，不要前倾，臀部也不要从一边挪到另一边。重复该动作 5~10 次。慢慢坐下时，双脚紧贴地板，身体保持平衡，大腿后侧保持紧绷感。这个姿势可以帮助你进餐前牢牢地就座于椅子中间。你可以试一试这个瑜伽姿势，也可以选择其他能跟自己交流的姿势。关键是，瑜伽能帮助我们与身体同在。

## 倾听饥饿之声22：克服饿怒障碍

“我很忙，所以做不到健康饮食，我就是这么告诉自己的。事实如此，我要处理学校、工作的事，还要和男朋友约会。有时，当我完全坦诚地面对自己时，我知道生活中的一切都需要时间，但健康饮食正好是优先级列表中的最后一个。”

谈及健康饮食计划，我……

· 似乎从不会健康饮食，尽管我很想这样做，但这几乎不可能。

· 希望自己能经常做到。但健康饮食对我来说太费力气。

· 有时会坚持，有时不会。

· 已经掌握了健康饮食的要领，大部分时间我会专心吃饭。

“但是……”

这个小小的词却铿锵有力。但是……

但是……我太忙了，顾不上吃饭。

但是……我压力太大了。

但是……它太烦人了。

作为心理学家，我知道人们想吃得健康，大家都热切地希望能照顾好自己。

只是有太多“但是”成为阻碍。

我还没见过有人会对改善自己的饮食不感兴趣，谁都不喜欢饿过头或因饿生怒，成为不讨人喜欢的人。也没有人喜欢陷入“饥饿—厌食—贪食”的循环中。

许多人苦苦挣扎，真的是因为有某些障碍阻止我们做到健康饮食。

比如在我居住的地方，许多咨询者如果想去离这儿最近的商店，需要开车 30 多千米。所以，即使想获取健康食物，也需要时间、计划和金钱。还有一些其他情感上的阻碍，比如压力或是惧怕改变。疲惫倦怠或不堪重负时，快餐店比杂货店更有诱惑力。我经常在办公室看到这些情感障碍困扰着咨询者。它们虽然不如生理障碍那般明显，却真实地存在着。

在欧洲 15 个国家展开的一项研究显示，对人们来说，健康饮食最大的阻碍是缺乏时间、工作不规律以及挑食。[68] 这些因素是否也为你敲响了警钟?

我在自己的工作实践中看到这些因素在发挥作用。或许是因为我是一名心理学家，我还看到了其他东西：情绪对健康产生的影响。

对许多咨询者而言，情感上的阻碍可以归结为以下几方面：忙碌、忧郁和烦恼。

**忙碌：**他们太忙了，忙到没时间做饭、购物或准备食物，生活中别的事情却都可以得到优先处理。

**忧郁：**他们压力太大，经常情绪化进食。紧张或情绪崩溃时，他们很难将精力放在健康饮食上。

**烦恼：**健康饮食感觉是一件麻烦事儿。要改变咨询者的现有习惯需要做很多工作，这往往并不容易。

我要求他们做的第一件事是明确有哪些常见因素会影响到他们的健康饮食。然后让他们深入研究，获取细节，从细节中寻求解决办法。

例如，一个咨询者认为她的主要障碍就是忙碌。她专注于周围的一切，总是优先安排好别人的事情，在她眼中自己的饥饿问题总是放到最后才去解决。每当听到自己说“但是我得先忙好……”时，她要好好吃饭的计划就会戛然而止。

一旦知道自己说“但是”的原因，她就开始尝试把饿怒转化为开心，她说这就像是手机上更新的交通状况，让她知道哪里会延误时间，哪里发生了交通事故，哪里有道路被封。确认一下交通状况，她就知道前方路况如何，从而规划好路程，而不是陷入因无法前进而耽搁的沮丧中。

她不再将精力浪费在为忙碌和饿怒症而苦闷，而是开始将精力集中在如何便利地把健康饮食融入生活中，比如为了不去商店而在网上订购零食，让杂货店送货上门，或是使用慢炖炊具。

### 从饿怒到开心

**把“但是”改为“并且”**。为把饿怒转化为开心，必须从头脑里“但是”的声音中走出来，承认“但是”的存在，不要说服自己不去想它们。承认这个声音并留意它造成的困境。知道障碍在哪里可以帮你找到应对之策。把“但是”改为“并且”：“我想吃得更用心，并且我真的很忙。”

**专注于当下**。不必认为要建立新的惯例，致力于当下已开始的事情就可以了，但要更加专注。比如，吃零食时关掉手机，好好享受。如果你打算吃一块巧克力，就更专注一点，慢慢咀嚼。这些事情不会占用很长时间，但会改变你的饮食方式。倘若你觉得用心吃饭太麻烦，那么这条建议简直就是为你量身定做的！

## 倾听饥饿之声23：虚幻的饱腹感

“早餐吃了个面包圈，分量很大，足够我撑一整天了，但令人沮丧的是，我马上又饿了，我在想，我是怎么了？”

吃饭时，我……

- 几乎马上又觉得饿了。
- 似乎很快又饿了。
- 有一阵子感到很满足。
- 吃下一顿饭或零食后，才会感到满足。

朱莉正在描述自己吃一块超大蓝莓松饼时的感觉。吃的时候她这样告诉自己：“这真的能让我很久不用饿肚子了。”

但是……

一小时后，她又饿得要命！

许多咨询者都经历过这种情形，我称之为“虚幻的饱腹感”。

他们吃的食物看似非常丰盛，但饱腹感很快就消失得无影无踪。食物无法满足他们的胃口，也不能抑制饥饿，所以饿怒从未缺席。

起初，他们会像朱莉那样自责，怪自己的身体不争气，说道：“我不该又饿的，我是出什么毛病了吗？怎么这么快又饿了呢？”

谈及他们的饮食，我们总会发现有趣的事情。他们会经常吃到些臭名昭著，令人产生虚幻的饱腹感的食物。

研究表明，身体对一些食物的消化吸收速度要快过其他食物，而前者会直接导致饿怒的爆发。

在一项研究中，女性被给予 3 种热量高达 160 千卡的午后点心中的一种，分别是高蛋白酸奶、高脂肪饼干和高脂肪巧克力。[69]

你可能会觉得，这三种食物的热量一样，对身体的影响也一样。但研究者发现，事实并非如此。和吃巧克力的女性相比，喝酸奶的女性下午更不易产生饥饿感。她们也比其他女性更晚感到饥饿：比吃饼干的女性晚 20 分钟，比吃巧克力的女性整整晚半个小时。

零食的选择甚至影响了这些女性稍后的晚餐，与吃饼干或巧克力的女性相比，喝酸奶的女性晚饭时吃得更少。

毫无疑问，人们所吃的食物会影响当下及之后的感觉。当咨询者们真正开始针对这一影响调整饮食，了解哪些零食能让人远离虚幻的饱腹感时，他们就不会选择容易产生饥饿感的食物，而是吃使自己心情愉悦的食物。

## 从饿怒到开心

咨询者们在深入了解自己的身体后，就会清楚哪些食物影响心情以及能产生怎样的饱腹感。当身体与食物之间的关系愈加清晰时，他们就会改变食物的选择。

想要了解哪种食物能让你摆脱虚幻的饱腹感，那就请参照上述研究在自己身上做个实验吧。

**关于“3”的实验**。选择三种不同的零食，比如一种高蛋白零食（奶酪、坚果、午餐肉或酸奶卷）、一种健康零食（水果和生蔬菜），还有一种奖励性零食（巧克力、薯片、糖果）。你也可以只选择平时特别喜欢的三种食物，然后在不同时间吃这些零食。

记录一下。这些不同的零食在 3 分钟、30 分钟和 3 小时后对你的幸福感和饿怒程度有怎样的影响，你注意到了吗？

## 倾听饥饿之声24：应对“我想要吃这个！”

“每天上班路上，我都会经过一家马卡龙甜食店，看到一排排五颜六色的小点心。都走到下一个街区了，我还会想着它们，真希望有时间可以停下来买点儿！接下来一整天，这些甜品在我脑海里挥之不去，回家路上，我会特地路过这家甜食店，这样就可以停下来买点儿了！”

谈及食物在我眼中的样子，我……

- 一看到好吃的，立马就想吃。
- 经常吃卖相不错的食物。
- 想着某样东西的口味会是什么样的，得吃多少才能填饱肚子。
- 知道哪些食物味道好、能吃饱，而且用心吃。

我有一个咨询者非常爱吃巧克力。

对巧克力的喜爱之深让她觉得自己不能再吃了。

我告诉她：“让巧克力满足你的食欲吧，去吧，每天吃一块巧克力。”我的建议让她感到惊讶。

按照“医嘱”，她每天吃一块巧克力，开始期待这件每日乐事。

还有一件事也让她吃惊。每天都能吃到巧克力使得她轻而易举地放下了自己没那么爱吃的食物。她觉得自己没必要把看起来很可口的食物通通吃掉，反正自己每天都能吃到巧克力。

我们常常混用“食欲”和“饥饿”这两个词，好像它们是一个概念。

但并非如此。

我教给咨询者的一个重要诀窍就是认清这两个词的区别。

饥饿本质上是生物学问题，它涉及肚子咕咕叫这种来自身体内部的提示。它是由可测量的化学因素触发的，比如血糖和激素。

而食欲是由外部因素引发的对食物的渴望。当看到、闻到或想到食物时，我们可能会产生食欲。你可能也有过这样的经历：美美吃上一顿后，闻到烤箱里的热面包味或看到喜欢的食物广告时，你还是会突然想吃点儿东西。

日常有规律的活动也会激发食欲。我的咨询者说，身处特定的场合和情景会让他们突然想吃某种食物。比如，每年 9 月，我所在的小镇定期有乡村集市，每到此时许多咨询者都说想吃炸面团。他们还说，赶完集之后的日子里，对油炸食品和甜食会完全没有胃口。正是小镇集市的到来触发了人们对某种特定食物的渴望。

食欲不同于饥饿，但对人也有巨大的影响。咨询者们时常谈论他们的食欲如何战胜饥饿需求。他们觉得，一旦食欲被调动起来，就会变成想吃什么，而不再关注自己有多饿。他们总觉得自己是因为受食欲的支配才会想吃这个或者那个。克莱尔是咨询者之一，她讲过很多自己吃香橙曲奇的事。她说：“只要一想起这些饼干，它们就在我脑子里挥之不去。”

也有一些人试图对抗饥饿和食欲。倘若你也在尝试，那你不是一个人。但告诉自己忽视食欲就像告诉自己不要呼吸一样，或是像对自己说："我一天呼吸三次就够了。"

问题是，当食欲得到满足而饥饿尚存时，我们面对的结果通常就是饿怒爆发。但倘若完全对食欲不加理睬，饿怒还是会随之而来。对勾起食欲的食物说"不"，就好像是对哭泣的婴儿置之不理。其实，我们确实需要关注食欲，但是要给予恰当的关注。如果以正确的方式满足了婴儿的需求，他便会停止哭泣。好消息是，食欲也是如此。

## 从饿怒到开心

我和咨询者分享的座右铭是："用心满足你的食欲。"当你允许自己以用心的方式满足自己的食欲时，你就无须每次都用"我想要吃……"来做出回应。

但了解食欲是需要花费时间和心思的。

**深呼吸**。吃东西之前，至少做 6 次深呼吸。一项研究表明，做缓慢的深呼吸可以降低心率。研究中，女学生一边盯着电脑屏幕上最喜欢的食物，一边有节奏地呼吸。结果表明，缓慢而有节奏的呼吸似乎改变了饥饿感。放松身体 = 减少渴望。哇！放慢呼吸可以帮助你更用心地进食！[70]

**要诚实**。问问自己，提示你的是食欲还是饥饿？是想吃还是需要吃？两个选择都是可以的，只是要弄清楚你在应对的是哪一个。

**注意引起你食欲的因素**。是什么引发了你的食欲？看到的食物、广告、气味，还是环境？烘焙食物的香味是否会立马激发你的食欲？或者说，你是看卖相挑选食物的人吗？看起来好吃的食物会使你有很想吃的欲望！有一些调动食欲的因素是能够避免的，有一些却不能。但了解感官的诱发因素可以帮助你预测哪种因素会触发你的食欲，这样就可以做好充分的准备啦！

**正念饮食**。如果有些食物能激发你的食欲，那就用心地吃吧。尽你所能尽情享用每一口食物。坐下来，停下手头的事情，慢慢地吃，尽可能从中获得最大的乐趣！

**注重快乐的益处**。海蒂 · 科博是耶鲁大学精神病学和心理学方面研究的副教授。她曾在《美国国家科学院院刊》上发表了一项研究。在此研究中，她的团队进行了数项实验以衡量简单的认知训练方法对饮食习惯的影响。[71]其中一项实验要求人们阅读有关健康食物的文献，并接受15分钟的认知训练。训练内容是如何应对内心的渴望，而训练方式是想想如果吃到营养健康的食物，自己的感觉会有多好。有趣的是，专注于好好吃饭的益处将立即有助于你更加用心地选择食物。

你也可以做同样的事：思考正念饮食带来的好处，改变自己的饮食方式。就现在，在决定吃什么之前，先花点时间回顾一下正念饮食的3个好处吧。

对大脑的直接好处，比如没那么容易分心或是更为有力地掌握选择权。

对情绪的好处，比如不会后悔或更有掌控感。

对身体的好处，比如不会觉得饮食过度或是太撑。

## 小结：倾听饥饿之声

你听说过传声筒游戏吗？所有人围成一个圈，一个人小声地把故事讲给另一个人，然后这个人再接着传给下一个人，以此往下进行……最后一个人会大声重新讲述整个故事。通常，与最初的故事相比，最终版只是另一个不怎么像但也有趣的故事罢了。信息在传递过程中会丢失，被草率地解读、歪曲、编造，甚至干脆被漏听。

这和我们自己的饥饿故事是类似的。在饥饿信号的传递过程中，你听到的饥饿信息与你想吃或需要吃的信息会把你弄得有点晕头转向。并且，不管你是在倾听另一半还是在接收身体的信号，“听见”和“听”是两个完全不同的行为。

有时候，你可能会觉得自己需要一副耳塞，因为饥饿在对你大喊大叫；有时候，你可能会觉得自己需要一个饥饿助听器，帮助你听到来自身体的模糊不清的低语，接收关于饥饿的信息。

本章谈论的方法如下面清单所列，都可以帮助你成为一名倾听专家，这样你就可以倾听自己所需，知道该做些什么将饥饿转化为开心。

- ☐ 描述自己的饮食方式时，我用心留意自己的语言和用词。
- ☐ 在正念饮食方面，我清楚自己存在哪些情感障碍。
- ☐ 我不因感到饥饿或可能饥饿而焦虑。
- ☐ 我倾听身体的渴望和需求。
- ☐ 感到饥饿前，我能预测自己什么时候会饿。
- ☐ 我关注哪些食物能让我填饱肚子，哪些不能。
- ☐ 我了解因食物的卖相想吃和真正的饥饿之间的区别。
- ☐ 我可以用心而非下意识地对渴望做出反应。

第四章

# 饥饿催眠师

写这一章对我来说很有挑战性。

为什么呢?

我曾反复在自己的书和文章中提到我不会告诉别人该吃何种食物，现在我仍然不会这样做。

总体来讲，我的理念不是吃这种或那种食物，而是正念饮食。在工作实践中，我不会告诉别人该吃或不该吃哪种食物，因为我不想让人觉得在给些“你必须多吃蘑菇来获取更多维生素 D”之类的建议。

但近年来，我对正念饮食的定义不断发展，其外延也越来越广。正念饮食不只是觉察自己的饮食习惯，从而避免在看电视时无意识地把一整盒饼干吞掉，还要注意到某些食物对身体、情绪以及饿怒水平会有何影响。当你真正留意到身体对某种特定食物的反应时，你就会对饿怒更有掌控感。

例如，一位名叫妮科尔的咨询者就非常留意自己吃多少奶酪。她喜欢各种各样的奶酪——蓝纹奶酪、切达奶酪、（意大利）波罗伏洛奶酪等。只要是说得出名字的奶酪，她都喜欢。虽然她对奶制品和乳糖不过敏，但吃太多这种食物也会让胃感觉不舒服。她告诉我，很多时候她非常在意比萨上撒了多少奶酪、三明治里夹了几片奶酪以及自己吃了几块奶酪零食。她说自己非常享受吃到嘴里的每一口奶酪。但或许正是摄入了大量钠或饱和脂肪酸，才使得她感觉精神不济，还患上了便秘。讨厌的东西！没有人想从食物中获得这种感觉！值得庆幸的是，妮科尔十分了解自己对某些食物的反应，她可以利用这些知识确保令人愉悦的食物不会带来痛苦。

本章中，你需要做两件事。首先，学会了解食物和营养物质如何支撑你的情绪及或破坏你的饿怒程度；其次，你需要做项实验，实验内容包括密切关注吃完食物后会发生些什么——不管是本章提到的某种特定食物还是其他的食物，用心观察进食后饥饿程度的变化。某种食物能使你维持多久不感到饥饿？吃完之后满足感如何？最重要的是，这种食物使你感到快乐了吗？

大约 6 年前，医生告诉我，我体内的铁元素含量很低。对此，我并没有特别震惊，因为之前我就贫血。只是令我感到惊讶的是，我本以为自己情况还好。

我之前已经吃了很多富含铁元素的食物，但在开始吃更多此类食物（如绿叶蔬菜和肉类）以增加铁元素的摄入量时，神奇的事发生了。这感觉就像轻触了一下电灯开关，体内的能量几乎在一夜之间飙升。在此之前，我甚至没意识到自己一直在负重前行。体内缺乏铁元素的时候，做每一件事好像都要花费更多时间，但我将其归咎于日程表上越来越多的咨询者和孩子们的到来，“有谁不会累呢？”我告诉自己。

精力不济时，我们通常会选择咖啡或甜食来提神。但倘若体内铁元素含量不足，这两种食物都无济于事。你所需的其他营养物质也是如此。

因此，从现在开始，你要做的就是密切关注你的身体、饥饿感以及情绪对某种食物的反应。

哪种食物会令你因饿生怒?

哪种食物会令你身心愉悦?

## 饥饿催眠师25：压力管理

“我是一名改过自新的压力性进食者，经历了糟糕的一天后，我不会再看到什么就吃什么，这真是一个惊人的壮举。压力对我来说是家常便饭，每当面对压力，我就会在饮食上思考再三。这种压力对我来说并不好，对身体也是百般折磨。我之所以了解这一点，是因为每当度过了极其糟糕的一天，或要进行一场大型演讲，差不多两天后我就会生病。我的身体承受不了这些压力。所以我会吃很多橘子、浆果和坚果来帮助我渡过难关，这就像堆放沙袋来抵御压力风暴。”

当我感觉有压力时，我……

- 想吃一些慰藉食物，比如奶酪通心粉、炸薯球或巧克力。
- 不太关心食物选择。
- 完全没有胃口。
- 会吃既有营养又能减压的食物。

每天我都会帮助咨询者停止压力性进食。

我们致力于打破“感觉有压力—马上想吃慰藉食物—感觉好多

了”的复杂循环。通常情况下，我们会借助食物来缓解不适和不愉快的感受，甚至在这些情绪消失之后才意识到这点，但为时已晚！其他时候，我们也知道自己在压力性进食，并为此很苦恼，于是拼命挣扎，却无法改掉这个坏习惯。

为了打破这一循环，我教咨询者和读者搞清楚身体到底何时会真正感到饥饿。如果不饿，那就选择吃一些天然健康的食物帮助自己冷静、放松下来。

另外，我总是给大家一个重要警告，提醒他们在感觉有压力时要继续进食，关键还要保证吃的东西能够强身健体。慰藉食物只会让人在短时间内感觉良好。坦白来讲，有时我们只想吃烤奶酪和炸薯条，当然也是可以的。但慰藉食物不仅会让情绪变得不再糟糕，有时甚至还可以改善糟糕的心情。

从根本上讲，压力对身体来说就像一个破坏球，会引起炎症，改变激素，让你变得更加暴躁易怒。因此，请尝试从源头扭转这种影响。吃一些能够增强免疫系统的食物有助于预防或修复压力带来的损害，效果惊人。食物有助于增强对刺激的忍耐力，将压力造成的损害降至最低。

洛丽从事临终关怀工作，如果某一周工作压力很大，她就会确保自己的饮食中有两种食物。她坚持吃更多富含 Omega-3 的鱼。她的选择得到了美国俄亥俄州立大学一项研究结论的支持，该研究观察了摄入 Omega-3 对一组研究生考试前后压力水平的影响——这是他们人生中压力较大的时期。研究人员发现，食用富含 Omega-3 食物的学生与没有食用该食物的学生相比，焦虑水平要少 20%。[72] 事实上，正是他们所吃的食物减少了压力。

洛丽在压力周食用的第二种食物是浆果，尤其是蓝莓。她吃这些是因为压力过大时自然而然地会眉头紧蹙，而她也注意到这让脸上有了深深的皱纹。

我们讨论了最近的一项研究，该研究发现深额皱纹、压力和死于心血管疾病的高风险之间呈现出显著的相关性。研究发现，如果医护人员怀疑病人有心脏问题，就可以先利用深额皱纹做一个快速、简单的筛查。研究人员假设这些皱纹是由多种因素造成的，包括压力、高胆固醇和高血压。[73] 而蓝莓富含抗氧化剂，有助于防止氧化应激——一种造成体内细胞损伤，而且让人长皱纹的过程！所以洛丽吃蓝莓是在帮助身体修复由压力造成的细胞损伤。

在压力管理方面，我最喜欢的一种食物是蜜橘。研究表明，吸入橘子的芳香 90 秒就会引起大脑右前额叶皮层产生显著反应，舒适感和放松感增强。[74] 香甜的橘子味可以缓解焦虑症状，改善情绪，更不用说橘子还富含维生素 C，有助于增强免疫力，在我们压力过大时提供帮助！

白天，我会关上门，腾出点“用心休息”的时间。坐在办公室椅子上，手里拿着橘子，用心剥每一瓣橘子，一次一个，呼吸着香甜的橘子味。我也喜欢切好的猕猴桃和杧果，它们有同样的功效，因为也含有维生素 C。

许多人都不会借助食物的力量来应对压力，因为他们觉得有压力时不该进食。但当我们感觉压力过大，不知所措时，吃东西的确是最好的选择。

## 从饿怒到开心

**压力检测**。诚实面对自己。目前你的压力在什么水平？极其高，快要冲破极限了吗？日常生活中，你是否对自己或别人说过“我的压力太大了”？或者，生活在你的掌控之中，只不过有些烦恼而已。每个人都会有一些压力，这是可以预料到的。但如果你的回答是“压力特别大”，那么留意自己吃什么有助于防止饿怒，减缓压力症状。

**减压食物**。压力大的日子里，一定要给自己配备减压食物。这种精心准备的点心有助于克制身体的渴望，防止压力性进食。许多食物都能将压力引起的炎症降到最低，助你应对可能转变成饿怒的压力。以下举几个例子说明。

**富含抗氧化剂的食物**。好消息是这种食物都很好吃，包括蓝莓（所有浆果中抗氧化剂的含量最高）、蔓越莓、草莓、覆盆子、菠菜、羽衣甘蓝、橙子、豆类、山核桃和香菜。

**富含维生素 E 的食物**。葵花子、杏仁、榛子、杧果、鳄梨、南瓜、菠菜、猕猴桃、西蓝花和番茄都富含维生素 E。维生素 E 具有很强的抗炎作用，对免疫功能有益处，可保护细胞免受自由基的破坏。

**富含 Omega-3 的食物**。大西洋鲭鱼、鲑鱼、核桃、奇亚籽、鲱鱼、亚麻籽、金枪鱼和蛋黄都含有大量 Omega-3，有助于减轻由压力引起的炎症。鳄梨也是 Omega-3 的重要来源之一。为从中获得营养元素，可以试着把鳄梨捣碎后放在全麦吐司上，这是一种简单的减压方式，即使是小孩子也可以制作并享用。

**南瓜子。**南瓜子富含锌元素、镁元素和 Omega-6，是我非常喜欢的富含矿物质的食物之一。如果你想增加风味，就可以吃撒有海盐或香料的南瓜子。

**茶。**临床证明，肉桂茶可调节血糖，更容易使人远离饿怒；洋甘菊茶有助于减轻焦虑，促进睡眠安稳；绿茶能平复压力状态下的身心。红茶也有好处：一项针对 75 名男性的研究发现，相比于其他含咖啡因的饮料，连续 6 周饮用红茶能降低皮质醇水平，从而帮助身体应对压力较大的任务。[75]

**黑巧克力。**不止一项研究证明，身体处于压力中时，吃黑巧克力有助于降低皮质醇水平。[76] 是的，我是说每天约 28 克的黑巧克力有助于远离压力！

**骨汤。**骨汤富含氨基酸，是补充体力的好帮手。它可以增加胶原蛋白的储备，以补充压力下消耗掉的胶原蛋白。骨汤和老鸡面条汤都有消炎的功效。[77]

## 饥饿催眠师26：用心吃早餐

“早上我总是很赶时间，上课前一直打瞌睡。虽然我喜欢吃早餐，但我总是不吃。然后‘惊喜’如期而至，到了上午 10 点，我就会很饿，很想吃东西。”

开启新的一天时，我……

- 醒来的时候并不饿。

· 不吃早餐，喝咖啡就行。

· 通常会忘记或没有时间吃早餐。

· 当然会吃早餐！你不是在开玩笑吧？我需要早餐！不吃早餐我根本无法工作！

你知道自己“应该”吃早餐。你很清楚这句话的含义，“早餐是一天中最重要的一餐”，这是毋庸置疑的。

但是，糟糕的是，你刚从床上爬起来，而会议还有 10 分钟就要开始了，那说什么也没用了。或者你真不饿，因为你一直无意识地吃着零食，刷剧到凌晨 3 点，又或是你根本就不是吃早餐的人。

老话还是有些道理的。不吃早餐有弊端，常常会严重影响情绪。如果不吃早餐，血糖就会下降，让你面临能量不足和饿怒发作的危险。

在一些案例中，不吃早餐引起的后果甚至会极为严重。我的咨询者中有糖尿病患者，他们的亲身体会是必须吃早餐，否则血糖会明显偏低——也叫作低血糖症，这使得他们焦虑、疲倦、站不稳。

而且，吃早餐有各种各样的好处。吃早餐的瞬间，好事就开始发生了。发表在《人类神经科学前沿》上的一项研究表明，吃早餐有助于恢复糖原并稳定胰岛素水平。[78] 早餐带来的积极影响会维持一整天。一项研究表明，每天吃早餐的女性的进食量要少于不吃早餐的女性。[79] 换句话说，她们一天中没有暴饮暴食是因为从一开始就吃得很好。

吃早餐最令人信服的理由是能让你更加享受生活。一项针对当代舞者的研究，为其中一些舞者提供能量棒，而另一些舞者在芭蕾课前不准吃饭，只能喝水。[80] 该研究发现，吃能量棒的舞者血糖峰值要高于禁食的舞者，这一点至关重要，因为血糖降低与饿怒直接相关。为避免其发作，我们要做的是维持血糖稳定。研究人员还发现，与只喝水的舞者相比，进食能量棒的舞者在课堂上更加快乐。换句话说，吃早餐的舞者更享受正在做的事情，可能是因为他们能量更充沛，更能集中精神。

你可能不必在舞蹈室里跳舞，但你需要舞动人生。有时，生活节奏很快，你可能觉得自己刚忙完这件事儿又要忙那件事儿。但不论节奏如何变化，倘若你吃过早餐，你就能从中获得更多乐趣，也更能专注于当下。

请牢记，早餐不一定非得是传统的熏肉、鸡蛋或一碗麦片。我去欧洲旅行时，体会到早餐对每个人来说都不一样。早上，欧洲人经常会吃美国人午餐时吃的食物，比如一大堆切片肉和奶酪。这类蛋白质是他们美好一天的开始。而在日本，人们通常以一碗米饭开始一天的生活。

我告诉咨询者，不要认为早餐“应该”怎么样，而是应该思考自己需要哪种早餐。早餐喜欢吃什么？什么时候吃？刚起床时，你最需要的可能不是早餐。或许等上一会儿更好，在一天开始前先在桌前坐上几分钟后更适合吃早餐。

不论你选择吃哪种早餐，何时何地吃早餐，一定要对早餐计划更加用心，因为它可能是管理饿怒的一个重要因素。早餐不仅会深度影响身体，还会影响你接下来一整天的情绪和表现。

## 从饿怒到开心

**用心对待早餐。**一定要留心吃早餐和不吃早餐时身体的反应。两种状态下早上分别会有什么感觉？这一天感觉如何？

**给早餐下个定义。**对你来说，早餐意味着什么？早餐是什么样子的？什么时间吃？在哪儿吃？请将早餐计划具体化，比如早上10点离家前在餐桌前吃完早餐。

**你不吃早餐的阻碍是什么？**从评估是什么一直在阻碍你吃早餐开始。为何早餐时间会不饿是需要解决的更大的问题。

如果你不喜欢吃早餐，那得换个角度想。早餐不一定非要吃燕麦片，你实际上想吃什么呢？甚至可以是昨晚的剩饭或是一碗汤。只要是能让你活力满满的食物，都可以！

如果早餐时间不饿，有可能是因为你昨天很晚时吃了东西，也可能是身体机能推迟的反应。身体可以根据睡眠模式和饮食自行设定内部的生物钟，如果你起床时感觉不饿，那就先喝杯温水或是茶，这样能帮助身体唤醒消化系统。起床后吃的第一口食物会给身体发送信号，几乎就像点上了灯，打开新陈代谢系统开始工作，帮助唤醒身体各项机能。如果你熬夜太晚，或许这才是真正需要解决的问题。另一个问题可能是头一天吃东西的时间太晚。

如果没时间吃早餐，便携式食物会有用武之地。往包里塞根香蕉，能在办公室喝的酸奶，或者任何你觉得美味、方便携带的食物，比如一个煮鸡蛋、一袋格兰诺拉麦片、几片裹着奶酪的午餐肉、一根蛋白质棒或一个包着花生酱和苹果块的早餐玉米饼都是可以的。

曲奇饼干！我喜欢做我所谓的早餐饼干，原料主要是燕麦片，我想加什么就加什么，或有什么就加什么，比如坚果和蔓越莓。我把饼干放在一个容器里，便于家人食用，也可以带走吃。每个人都有吃块饼干的时间！

## 饥饿催眠师27：慎食零食

"'我站在打开的冰箱门前寻找答案。'这是我在社交媒体上看到的一句话，它确实引起了我的共鸣。因为我也这样，尤其是在晚上。我发现晚上我会异常地挑食，而实际上，我需要的只是睡觉。"

晚饭后，我……

- 总吃零食。
- 偶尔想吃点零食。
- 尽量不再进食。
- 通常不吃东西。

人们晚上吃零食的原因各不相同。

有时他们是真的饿了。我有一个咨询者，她丈夫已经退休。她5点下班，一进门，丈夫就等着她吃晚饭。饭后，他们会去高中学校的跑道上散步。到了9点，她就会非常饿，想吃点东西。对她来说，关键是找到一种能填饱肚子的零食，既能满足饥饿感，又不含太多刺激身体，使她彻夜难眠的糖分或咖啡因。

对其他咨询者而言，晚上进食只是一种习惯。比如奥布里，她和老公埃里克喜欢晚上一起看电视。工作一整天后，他们都筋疲力尽了，这是唯一能一起度过的时光。差不多到 8 点，埃里克会走进厨房，用盘子装点零食，俩人吃。通常，她其实什么都不想吃，但埃里克这一友好、体贴的举动让她不管怎样都会吃下去。这样的日常习惯让她经常带着饱腹性悔恨入睡。她不知道该怎样才能让俩人都摆脱这个习惯。

那些感到焦虑的咨询者可能是和深夜进食抗争得最厉害的人。他们经常熬夜，因为无法入睡或无法保证睡着后不醒。灯一熄灭，大脑就运转起来，开始担心世上的一切。当我们深入研究他们的夜间饮食习惯时，他们通常能意识到自己是在尝试借助食物入睡，让大脑平静下来。对他们而言，吃东西有助于消除或缓解焦虑。有时，他们会吃到陷入“食物昏迷”的状态，饱到只能体会到昏迷。

## 从饿怒到开心

**去睡觉**。信不信由你，大多数夜间进食的咨询者其实并非真的饿了，他们只是太累了，事实上是筋疲力尽。所以，在晚上吃东西前，问问自己：“我只是累了吗？”我知道这听起来过于简单，但如果你的回答是肯定的，那就试着去睡觉吧。你会惊讶地发现，许多咨询者通过上床睡觉改掉了夜间进食的习惯。他们经常摇头抗拒：“我应该熬夜，我要洗衣服、支付账单、阅读……”但当他们承认身体已经疲惫不堪，这一天的工作结束了，他们就会去休息，不会再吃东西了。从长远看，这使他们非常开心。如果疲倦程度分为 1 级（完全清醒）到 10 级（困到几乎睁不开眼睛），问问自己处于第几级？倘若疲倦程度已达到 5 级以上，你就该考虑睡觉了。

**尝试助眠零食**。如果睡前确实饿了，可以吃一些被证实有助于快速入睡的零食。一项研究中，参与者因为吃了健康零食入睡速度更快，平均仅需 17 分钟。和他们自己选择的饭食相比，这些零食的饱和脂肪酸含量更低，蛋白质含量更高。[81] 比较起来，选择吃不那么健康的食物且喝了自选饮料的参与者平均需要 29 分钟才能进入睡眠状态。许多食物都含有助睡眠化合物，包括有助于血清素（一种让人感觉良好的神经递质）生成的色氨酸，还有褪黑素、镁元素和钙元素。这些元素都被认为有镇静作用，能帮助人们入睡。[82]

**酸樱桃**：在两项研究中，患有失眠症的成年人在两周内每天喝两次酸樱桃汁，每次 237 毫升，结果他们每天都会比不喝酸樱桃汁的夜晚多睡 1.5 小时，睡眠质量也更高。[83]

**猕猴桃**：在一项为期 4 周的研究中，24 名成年人被要求每晚睡前 1 小时吃 2 个猕猴桃。研究结束时，参与者入睡的速度比睡前不吃东西时快了 42%，此外，他们保持整夜连续睡眠的能力提高了 5%，而总睡眠时间增加了 13%。[84]

**燕麦粥**：全谷类燕麦主要是碳水化合物，可以为你助眠。此外，燕麦还含有缓解压力的维生素 $B_6$ 和另一种天然助眠剂——褪黑激素。试着在晚上睡觉前吃一小碗吧！

**含色氨酸的食物**：色氨酸（也称为 L- 色氨酸）是一种必需氨基酸。它就像一个天然的情绪调节器，可以帮你入睡！如果你深受睡眠问题的困扰，请尝试富含色氨酸的食物，如香蕉、葵花子、开心果、腰果、杏仁、豆腐、奶酪、红肉、鸡肉、火鸡、鱼、燕麦、豆类、小扁豆、土豆、鸡蛋等。

这些只是几个例子，请试试找出哪些食物能帮你快速进入睡眠状态吧。

## 饥饿催眠师28：多吃健康食物

“吃更健康的食物时，我感觉心情会好很多。这并不是像突然唱起歌那样具有戏剧性。尤其引起我注意的是，我并没有‘后悔那样吃’的贪食感，我讨厌这种感觉。但是一根看上去不错的香蕉，熟度刚刚好，抹上杏仁黄油，就是一种很棒的零食。我觉得自己做了一个很好的选择，甚至可以说很酷。”

就健康食物而言，我……

· 不喜欢健康食物，也不喜欢它们的味道。

· 偶尔喜欢健康食物。

· 吃的食物种类齐全——有些健康，有些不健康。

· 会因为一些健康食物开心。

想想最近吃过的那个让你不快乐的食物。或许不是食物本身，而是它产生的感觉令你不适。吃过之后后悔了吗，还是感觉吃得太饱、太胀？你是不是马上又饿了，还是摄入了过多的糖？

大部分人都非常清楚哪种食物会让自己不开心。我的咨询者就经常说，他们如果没有用心饮食，而是吃了太多油腻、油炸或含糖食物，就会感觉很不好。“我喜欢吃烤肉，但总是吃太多，这使我感觉很糟糕。”一位咨询者告诉我说。这种现象并不只发生在他身上，我的许多咨询者都很关注盲目吃哪种食物会让自己感觉糟糕。

现在反过来问：你最近吃过什么让你愉悦的食物？我比较喜欢吃杧果，但不是每次去商店都买，一是因为很贵，二是不一定应季。我会买含有杧果的食物，比如杧果奶昔、杧果味的茶——我总是抓住机会吃点与杧果有关的食物。对我来说，杧果满足了我所有的感官享受。我也知道它们富含维生素 C，当意识到自己在做一些对身体有益的事情时，我感觉就很好。无论是甜味还是香味，醇美成熟的杧果都是我的最爱。

去杂货店时，孩子们会让我买一些“开心水果”。我知道他们说的是哪种水果。猕猴桃的箱子上贴着一个“笑脸”的猕猴桃标签，但孩子们给猕猴桃起绰号不是因为它是带给人快乐的小吉祥物，而是因为我和他们分享过一项发表在《营养科学杂志》上的关于猕猴桃的有趣研究。[85] 该研究中，研究人员招募了 139 名 18~35 岁的男性，研究食用猕猴桃对情绪的影响。在对他们进行一系列情绪测试后，研究人员发现，维生素 C 的水平与抑郁、困惑和愤怒呈负相关关系。换句话讲，吃猕猴桃最多的人情绪问题最少。

在同一作者之前的一项研究中，只要每天给年轻男性两颗猕猴桃，就能振奋他们的情绪。每天食用猕猴桃的人注意到自己疲劳感减少，能量增加，忧郁症状减轻，这些都有力地证明了食物对情绪能产生很大的影响。

饿怒管理项目中，我让咨询者把关注点从哪些食物使他们感觉糟糕转移到注意一些食物是如何让他们感觉良好的，即食物如何对情绪产生积极的作用。通常情况下，咨询者一开始认为食物对自己的影响并不大："我吃苹果的时候没有任何感觉。"但开始注意后，他们开始把这种没有感觉的感觉看作是积极的。

这有点像扭伤了脚踝的情形。你一般不会觉得走路时脚不疼是件多么美妙的事情。但如果受了重伤，不疼就是一种快乐。咨询者开始关注食物如何让身体感到放松、满足和愉悦时，就会有同样的感觉。他们开始聚焦那些经常被消极因素掩盖的积极因素。

《心理学前沿》杂志上的一项研究探讨了哪些特定的食物能使人们更快乐。[86] 他们观察了天然果蔬和加工过的果蔬对美国和新西兰年轻人的影响，包括抑郁症状、焦虑、消极情绪、积极情绪、生活满意度和幸福感等方面。食用水果和蔬菜对情绪会有帮助吗？根据这项研究和许多咨询者的一手报告可知：确实如此！

## 从饿怒到开心

想用健康食物来振奋情绪吗？我的"从饿怒到开心 10 天挑战计划"囊括了十大生鲜食品（排名不分先后）。研究表明，这些食物对心理健康的影响最大。好消息是：这些食物不需要进行任何烹饪——只要吃就可以！关于如何把这些生鲜食品变成美味小吃，我给出了一些建议。但你可以选择任何对你有用的方法。

**“从饿怒到开心十天挑战计划”**。每天早上都要为情绪打分（从1到10分），然后每天吃一种下面列出的食物，一天结束时再给情绪打一次分。

**胡萝卜：**用胡萝卜蘸调料或鹰嘴豆泥，或涂上杏仁或花生酱，在顶部撒上肉桂。把小胡萝卜摊在小烤盘上，围成花形。烤成胡萝卜条或薄片。

**香蕉：**涂上巧克力榛子酱或花生酱，或撒上燕麦片或与鳄梨一起捣碎，或与奶昔混合。冰冻成冻甜点。夹在饼干中间。制成饭团或松饼。

**苹果：**撒上肉桂或麦片，或涂上坚果酱或奶油奶酪。切成两半，做成三明治。做成苹果酱或苹果泥。烤成苹果片。切成小方块，放在酸奶酪、松软奶酪、冰激凌或吐司上。夹在切达奶酪片或瑞士奶酪片中。淋上焦糖、蜂蜜或黑巧克力。

**绿叶蔬菜（如菠菜、羽衣甘蓝或瑞士甜菜）：**制成一碗蔬菜沙拉或放入汤里，或在三明治上铺上一层，也可以用来装饰盘子。与鸡蛋等一起作为早餐。放到卷饼里。用作比萨的配料。加入意大利面中。放进墨西哥卷饼或烤土豆里。做卷饼。烤成薄片。

**西柚：**在西柚上撒上糖（白糖或红糖）或盐。烤着吃，或放入奶昔和饮料中。用作蔬菜沙拉的装饰物。加入香草、蜂蜜和酸奶。做柚子调味料。喝西柚汁。放在冰激凌上面。

**生菜：**代替面包包裹其他食材。剁碎后放入汤中。烤着吃。像饼干一样盖住食物。用作春卷、卷饼或墨西哥卷饼的馅料。

**其他柑橘类水果（如橙子、橘子、柠檬、酸橙等）。**泡水喝。撒在沙拉里。和肉一起烤着吃。放在奶酪蛋糕等甜点的顶部。

**新鲜浆果：**加到隔夜麦片中，或放进沙拉，或搭配冰激凌作为甜点。混入奶昔中，或做成调味汁；冷冻后放入要喝的水中，或放到松饼里，或冻成冰块，或做成水果涂酱或果酱。

**黄瓜：**做成沙拉或塔博利（一种中东简易料理）。放进意大利面。塞到皮塔饼里。像饼干一样作上层装饰物；放进调味酱里，比如调味汁或鹰嘴豆泥。切块做成一份爽脆沙拉。和水果串在一起。淋上一层奶酪。

**猕猴桃：**将其混入冰沙中，或加到沙拉里，或用作装饰物。将其作为吐司或饼干的夹层。切碎做成冰激凌水果冻。在调味汁里使用。上面撒上肉桂或肉豆蔻。

## 饥饿催眠师29：别让饥饿分了神

“朋友们都叫我‘零食女王’。不管去哪儿，我都会随身带着零食。我从不会不带零食出门，因为我容易分心。如果太饿了，我会陷入一团糟，甚至找不到回家的路。很长一段时间里，我曾尝试戒掉零食，但一点儿用也没有。现在，我包里随时装着零食，饿的时候就拿出一袋开心果，吃点儿就好多了。如果不这样，我会完全依赖自动售货机，找到什么吃什么，好让自己恢复正常。”

如果觉得饿了，我……

· 常常会分心，无法清晰地思考。
· 会想着食物，打断手头的事情。
· 注意力不如吃饱时集中。
· 丝毫不会分心。

饿怒不仅仅与易怒相关。对许多人来说，它最大的影响是降低人们清晰思考的能力。

咨询者经常会在特别沮丧的情况下挠头说道："我什么事也做不成。我打算放弃这个项目了，因为毫无意义，除非我能吃点什么，我一直在原地打转。"

我在个人生活中，注意力水平也会因食物发生变化。每天我都会坐上 8 个小时，专心听别人讲话。我必须集中精力，一刻也不能开小差，不然可能会错过重要细节。因此，我必须带着零食上班，每天包里备着手机充电器、钥匙、任务清单以及最重要的——零食。

没有什么比无法完成待完成的事情更令人沮丧的了。有时，唯一妨碍你高效工作的就是好好吃点东西或零食。

你是否曾希望有这样一种神奇的药丸，吃下去就能更聪明，在工作中表现得更好？这种药丸可能就是放在你桌上的苹果。

在一项研究中，研究人员让身体健康的参与者食用一块相当于 48 克黑巧克力（可可纯度达 70%，含有机蔗糖）的巧克力棒，然后对大脑进行脑电图扫描，测量进食后 30 分钟和 60 分钟的脑电波。伽马波在大脑皮层的多个区域都有所增强，该区域主要与认知和记忆相关。[87] 这种变化在 30 分钟后最明显，60 分钟后恢复正常。换句话讲，吃黑巧克力有助于增强记忆力和做出决策。

另一项研究表明，考试前吃香蕉的学生要比不吃香蕉的发挥得更好，或许是因为香蕉可以提供钾元素，该元素是维持大脑、神经、心脏状态良好的必要矿物质。一项发表在《农业和食品化学杂志》的报告表明，连续两个月每天喝蓝莓汁的人在学习能力和记忆力测试中的表现有明显提高。[88] 但其实也不一定非得喝蓝莓汁。例如，一项针对在校儿童的研究表明，吃 1.5 杯新鲜蓝莓可以带来重要的认知益处，包括在测试中反应时间加快，短期记忆力得到改善。[89]

结论：我们用心吃零食和食物时，注意力会更集中，在工作和生活中会表现得更出色。

## 从饿怒到开心

**需要快速调整注意力？**请快速评估一下今天需要付出多少精力和注意力。在做手术、做测试或是数钱时，你是否必须全神贯注，关注每一个细节？或者可能因为是星期六，你打算在电视机前放松一下。你不需要也不想关注任何事儿！当所需注意力和供给大脑的食物能量不匹配时，就会爆发饿怒。没有比无法集中注意力更令人沮丧的事儿了。

开始调整自己一天中的注意力水平。观察它是如何随不同任务、时间、对某项目的兴趣度、分心程度以及饥饿程度而发生变化的。此刻你的注意力水平如何？

**注意力不集中时将吃零食作为惯例**。去其他国家旅游时，我收获了一些关于零食的经验。在法国，我被带去参加一个介于午餐和晚餐之间的聚餐场合——“下午点心”。英国人喝下午茶，西班牙人、葡萄牙人、意大利人、斯洛文尼亚人、克罗地亚人、西班牙裔美国人和菲律宾人则是“美仑达”。这是午餐和晚餐之间的一顿小餐。吃零食在世界各地都是一种传统和习俗，是日常生活中被人们广泛接受的一部分。

观察自己的日常生活，然后规划零食习惯。什么时候最难集中注意力？上午？下午？许多人都是在下午 3 点左右精力最不充足。找出一天中需要更多注意力的时间，然后做个零食计划，给这个零食时间取一个名字，比如“注意力补给计划”。

**有助于集中注意力的食物**。谈及集中注意力，一些食物相对其他食物会大有裨益。下列为天然有助于提升注意力的食物清单，以及它们如何发挥作用的论述。

**巧克力**：吃些黑巧克力或喝杯可可！《神经病学》杂志上的一项研究得出结论，一个月每天喝两杯可可的人，大脑血流量可得到改善，并在记忆力测试中表现得更好。[90] 在另一项研究中，人们在食用 48 克可可纯度达 70% 的巧克力 30 分钟后，大脑功能得到了改善。[91]

**Omega-3**：Omega-3 是一种健康脂肪酸，存在于鱼类、大豆、核桃中。体内该脂肪酸含量高的人群大脑中血流量更多，认知和思维能力也更强。

**浆果**：一项关于食用浆果（包括草莓、黑莓、蓝莓和黑醋栗）的益处的综述发现，浆果对大脑有很大益处。特别是浆果可以促进脑细胞之间的交流，而且还是一种很棒的“能量补充”零食。[92]

**富含维生素 E 的食物**：葵花子、杏仁、榛子、杧果、鳄梨、冬南瓜、菠菜、猕猴桃、西蓝花和番茄也能帮助你更好地思考。维生素 E 具有抗氧化特性，可保护细胞免受压力，防止衰老。

**甜菜和甜菜汁**：甜菜能增加流向大脑的血液量，帮助你集中注意力。一项研究中，40 名健康的成年人在 90 分钟内服用安慰剂或饮用 450 毫升甜菜根汁，然后接受了一系列测试。结果呢？在简单的减法练习和其他任务方面，他们的认知表现得到了改善。这些结果表明，即使是一小份甜菜汁，也能帮助你更好地思考。[93]

**含有天然亚硝酸盐的食物**：芹菜、卷心菜、菠菜和其他绿叶蔬菜中含有大量的亚硝酸盐，而这种物质可以扩张血管。研究人员最近发现，亚硝酸盐还能增加流向大脑的血液量，从而提升大脑的性能。[94，95]

**富含维生素 K 的食物**：富含维生素 K 的食物包括羽衣甘蓝、毛豆、泡菜、花椰菜、芦笋、南瓜子、松子和蓝莓。它们有助于提高视觉记忆和语言的流畅性。换句话说，维生素 K 能帮助我们轻松记住所看到的事物，表达更加清晰流畅。[96]

**绿茶**：事实证明，绿茶对增强记忆力和注意力有很大的帮助。[97] 如果你需要提高专注力，可以尝试喝点绿茶！

## 饥饿催眠师30：保证能量需求

“到了下午3点，我就困得能把头垂在键盘上，并且很快睡着。我对自己说：‘天啊，我必须醒过来，不然今天就毁了。’但中午过后我不能再喝咖啡，因为这样晚上会睡不着。所以糖果棒似乎是帮我撑到5点的最好选择。”

当我觉得能量不足时，我……

- 会吃含糖零食补充能量。
- 身边有什么吃的，就拿什么补充能量。
- 有时会选择健康食物补充能量。
- 一般会选择零食提升精力。

我们生活在一个充满“能量吸血鬼”的世界里——从应对讨厌的人到繁忙的日程安排，再到不停地接电话，几乎每个人都会在某个时刻感到筋疲力尽。

就我而言，大多数不涉及与人互动交流的任务完全消耗了我的能量，比如文书工作、账单、保险文件、文件归档等。

什么事情最消耗你的能量？这一点很重要，要确切地知道是什么降低了你的能量水平。因为这时饿怒会再次向你袭来。

那些不知因为什么浑浑噩噩度过一天的人，往往会选择我所谓的“能量枯竭型饮食”。他们的想法基本正确，自身能量不足时，知道有些食物可以补充能量。但他们选择的食物要么可以对情绪有所帮助，要么会使情况更糟糕，甚至会导致饿怒。

饿怒管理项目中，我的一项工作就是帮助人们彻底想清楚他们食用的是哪些零食以及这些零食有何影响。我的第一个问题是他们为什么要吃零食。为了获取更多的能量，还是为了忘记自己的疲倦，抑或是在极其沉闷无聊的一天中寻求一点乐趣？

在实际工作中，我接触的咨询者里常常认为食物与能量关系最大的，要么是参加有组织的体育活动的青少年，要么是花大量时间进行体育运动的成年人。科丽就是一个很好的例子。她是一位 45 岁的妈妈，一周会去社团打两次网球。她注意到，自己谈论和选择食物的方式与其他很多妈妈大不相同。她告诉我："我对节食或把自己饿得极瘦都不感兴趣，我非常重视这个网球社团，它是唯一有助于我收敛锋芒的地方。我常通过谷歌搜索查找高蛋白和能帮我把球打得更好的食物。我真的很喜欢胜利的感觉！"

参与体育活动或体力劳动的人都会有这样的想法：食物是真正的燃料。这通常是因为他们可以看到食物和个人表现之间的直接关系。当他们吃得更好时，就可以跑得更快，他们得到了别人无法看到的实实在在的结果，这一点是很有说服力的。我不会拿计时器来计算文书工作所耗费的时间，但我注意到，如果我吃得好，注意力集中，我就可以在看完病人后的一小时内整理好笔记，关上电脑，然后出门。如果没有吃好，我就容易分心，不得不在第二天再完成文书工作。

好消息是，很多食物都有助于保持活力和耐力。例如，最近一项研究表明，在骑行 75 千米前吃一根香蕉与喝碳水化合物饮料同样有效，都能够提高耐力型运动员的表现。[98]

在一项小实验中，参与者在吃完黑巧克力棒（而不是牛奶巧克力棒）两个小时后，敏感度和视力相比之前有了明显的改善。不仅如此，黑巧克力还有助于人们感觉更满足。[99]

因此，我们有机会将饿怒转变成开心。

## 从饿怒到开心

**注意自己的能量需求**。为防止饿怒的发生，你首先要做的一件事就是明确自己需要多少能量。若我们消耗的能量与通过进食得到的能量不匹配，就会出现饿怒。当我们比平常消耗更多的能量时，我们就会感到筋疲力尽，脾气暴躁。因此，一起床你可以快速做一下评估：今天我需要多少能量？今天我会连轴转，忙个不停吗？又或是，我计划在办公桌前连续坐 8 个小时吗？高耗能的日子需要更多燃料来使你保持开心，而不至于饿怒来袭！

**制作一份零食菜单**。吃零食是防止饿怒的好方法。但我的咨询者经常因没有零食而让饿怒乘虚而入。提前准备好零食很有帮助，这样感到饥饿时就不用花时间想这些。想想我们查阅菜单的频率和舒适感，制作一份属于自己的零食菜单吧！在办公桌旁或冰箱上贴一份零食菜单或放在黑板上。列出至少 3 种零食，包括咸的、甜的和美味的。当需要其中一种时，你根本不需要想太多，从事先备好的菜单中选出即可。记得一定要储备这些零食和需要制作这些零食的食材。

**吃补充能量型食物**。补充能量的零食能为身体提供燃料，而这种燃料有很多种形式：涂有花生酱的苹果片、撒有香料或奶酪的爆米花、奶酪串、香辣鹰嘴豆、杏仁、煮鸡蛋、能量棒、南瓜子、黑巧克力。苹果富含抗氧化剂，研究表明，抗氧化剂可能会减缓碳水化合物的消化，所以能量会在很长的一段时间内释放。香蕉也对补充能量大有帮助，是碳水化合物、钾元素和维生素 $B_6$ 的优质来源，而这些物质都有助于提高身体的能量水平。另外，酸奶中含有的糖分也可为人体提供即时可用的能量。

请记住：这些只是想法。每个人的情况都不一样，所需补充的能量也各有不同。

你需要找到能为你持续提供能量的食物。最重要的是，无论这些零食能带给你什么，它们都要为你的一天提供恰当合适的能量。

**定制专属食物搭配**。定制个人化专属食物搭配，可谓好处多多。你可以将各种食物混搭，只要含有益于心情、缓解饿怒的多种营养物质。选择任意听起来有益于健康的搭配组合：巧克力或酸奶酪，干果类（例如香蕉、杏或樱桃），蔓越莓，枸杞，南瓜子，葵花子，“M & M”糖，花生酱薯片，爆米花，坚果，椰子片，咖啡或浓缩咖啡豆，燕麦，格兰诺拉麦片，谷类，芝麻棒。还可以通过在食物中加入法式调料、海盐或肉桂等调料加重口味。做好后将混合好的食品放入袋子里，随身携带，用来补充能量。

**做好饿怒应急零食包**。这是我的咨询者学到的绝佳方法之一，可以防止自己抓到什么吃什么。要考虑将此类装备等同为包里放置的其他紧急物品——创可贴或备用现金。请选择在必要时能保持新鲜的食物。

## 饥饿催眠师31：平衡饮食

“每当情绪崩溃时，我就想吃些精加工的碳水化合物以及像百吉饼、甜麦片和饼干这样的治愈系美食。但吃这些会让我昏昏欲睡，所以我开始确保自己吃东西时搭配更为平衡。比如说，如果吃一片面包，就要在上面放片奶酪。确保自己不完全沉溺于治愈系美食，还要有助于保持好心情。”

谈及饮食，我……

- 发现自己渴望吃碳水化合物。
- 喜欢吃很多碳水化合物，但也吃其他食物。
- 吃的食物种类多样。
- 有意将饮食种类多样化。

我的咨询者总是说起他们会极度渴望富含碳水化合物的治愈系美食，比如甜甜圈、松饼、意大利面、奶酪通心粉、蛋糕和饼干，尤其是在备感压力或饿怒发作时。这说得通。碳水化合物有助于人们快速获取多巴胺并释放血清素，这是一种存在于大脑中，让人感觉良好的化学物质。

随着时间的推移，咨询者了解到，如果在饮食上失去平衡，就会发生饿怒。如果只是过度食用或渴望某一种食物，不管是碳水化合物还是高脂肪快餐，我们都应该停下来。事实上，现在就应停下来想一想，饮食不平衡是如何影响饿怒程度的。有没有哪种食物你吃的明显比其他的要多？

咨询者会向我讲述他们与食物共处的快乐时光，比如，发现街头的泰国小餐馆供应辛辣虾开胃菜时，他们会非常开心。他们当然也会抱怨与食物相关的糟糕时刻，比如没有和别人分享就一人吃完一整块意大利辣香肠比萨，这让他们心存愧疚。但他们也不仅仅谈自己的情绪反应，还会说起不同食物是如何影响饥饿程度的。有些食物他们好像无论吃多少都不够，还是饿，而有些食物他们吃了之后整个下午都心满意足。

如果仔细观察下咨询者吃的什么导致饿怒，我们通常会发现，他们最不满意的是食物选择的失衡。

47 岁的单身母亲桑迪在一所公立学校当老师。她管理一个中学生班级，班内满是精力旺盛的孩子，工作压力很大。课堂教学要求她必须全天站立，属于自己的时间也很少。她几乎没有时间去卫生间，课间也仅有几分钟可以吃些零食或午餐。

开始关注饿怒管理项目后，她注意到自己白天吃的食物都富含碳水化合物，比如椒盐脆饼干、曲奇和松饼。她向我讲述："我已经连续好几天都在吃碳水化合物了，几乎每天都迷醉在碳水化合物里。"

对桑迪而言，在她吃光了家里囤积的所有规格的百吉饼的那一天，一切才开始变得井井有条。她常吃的百吉饼很大，这让她觉得百吉饼能维持她整个忙乱早晨的饱腹感。百吉饼吃完后，她就从冰箱里拿了些鸡蛋，炒了炒，在上面放了些奶酪。尽管看起来不像大个的百吉饼那么有分量，但她发现自己一整天都不那么饿了。

她开始注意不同种类的食物对心情的影响。所以，开启饿怒管理项目后的一天，桑迪决定改变一下，她带了满满一袋杏仁去了学校。

她说："吃杏仁时，我注意到自己的饿怒程度发生了很大变化。学生也注意到了这种变化，因为下课时我没有生气，没对他们发出大声、严厉的咆哮。杏仁不可思议地解决了我的饥饿问题，而松饼在这时却丝毫不起作用。"（这一点不足为奇，因为研究表明杏仁会让人更有满足感。[100]）

对桑迪和许多其他咨询者来讲，秘诀在于要确保不一意孤行地只吃碳水化合物。为弥补这一点，桑迪没有停止吃她喜欢的碳水化合物。相反，她在白天添加了富含蛋白质的食物，比如鸡蛋、杏仁和奶酪。

桑迪的饮食策略是有科学依据的，因为不断有研究显示，体内蛋白质含量与较高满足感相关——这正是桑迪所需要的。

在一项研究中，研究者要求参与者下午吃两种不同的酸奶零食，两组零食很相似——一组参与者食用的是高蛋白酸奶，另一组是低蛋白酸奶。结果呢？相比于另一组，高蛋白酸奶组的饥饿感更低，在下一餐中吃得更少，也更晚。[101]

另一项研究发现，早餐用鸡蛋代替百吉饼能增加饱腹感，可使人在随后的 36 小时内摄入更少热量。[102] 另有一项研究表明，早餐吃含高蛋白质的鸡蛋和瘦牛肉也能增加饱腹感，帮助你一整天更用心地选择食物。[103]

本节我已谈论过碳水化合物失衡问题，因为它是咨询者谈及自身压力时最渴望吃到的食物。他们同时也提到，碳水化合物与其他食物的搭配一旦达成平衡，心情会变好，满足感也会增加。但碳水化合物并不是唯一的元凶，任何过度进食的食物都可能成为导火索。

### 从饿怒到开心

**饮食平衡检查**。花点时间想想你的食物选择是否在哪方面失去了平衡。紧张或因饿生怒时，有没有只想吃某一种食物的倾向？碳水化合物、糖、水果，还是快餐？如果有这种倾向，过度依赖这些食物对心情有何影响？你觉得累、愧疚、无聊，还是有其他感觉？

**平衡饮食应对饿怒挑战**。为保持好的心情，每次进食，请有意做一些平衡。可能的话，在吃巧克力时也吃点水果，或在玉米饼里包块肉，在饼干上放块奶酪。如果你的零食主要是甜食，可以搭配一些咸味的小食，添加一种口味对比鲜明的食物有助于确保你的营养需求都得到满足，保持好心情。如果要吃快餐，就配些家中自制的食物。

如果你渴望吃碳水化合物，请记住，没有关系！可以尝试多加些含蛋白质食物管理饿怒。如上所述，饮食中摄入充足蛋白质，人们会有更强的饱腹感，也因此会更开心。所以，请在每顿饭中加些蛋白质食物吧。以下是一些不错的选择：

- 鸡肉
- 火鸡
- 牛肉
- 鱼肉
- 鸡蛋
- 牛奶

- 奶酪
- 酸奶
- 燕麦
- 大豆
- 鹰嘴豆
- 扁豆
- 西蓝花
- 菠菜
- 抱子甘蓝
- 杏仁
- 花生

吃完蛋白质，按级别从 1 到 10 记录自己的饥饿程度。

然后追踪自己吃完蛋白质食物后再次感到饥饿的时间：3 分钟，30 分钟，还是 3 小时？还要不断地问自己："食物选择更为均衡时，我感受到的是饿怒还是开心？"

## 饥饿催眠师32：多喝水，没坏处

"我以前经常头痛，感觉能量不足，这让使我脾气暴躁，容易产生饿怒。现在，有两件事使我受益颇多。一是不论去哪里，我都随身携带水杯；二是我吃很多含水分多的食物——含水量 92% 的西瓜是我的最爱。"

谈及喝水，我……

- 饮水量不足。
- 讨厌喝水，因为喝水没什么意思又淡而无味。

· 会喝些水，如果吃饭时有人拿给我。
· 积极努力地喝水，整天随身携带水杯。

假设你在一家餐厅，服务员问：“您要来杯水吗？”

你的回答是“需要”还是“不需要”呢？

如果回答是肯定的，你是真的想喝那杯水吗？

这段开场白在美国任何一家餐厅都很常见。我们常常想当然地认为水免费，随时可以获取，而且美国餐厅吃饭前总会提供水。

在其他国家却并非如此。

我的一个咨询者最近去意大利西西里岛旅行时意识到了这一点。在那儿，进餐时供应的水并不免费，世界上许多地方也是如此。在西西里岛吃每一餐时，她都必须自己买水，还要决定买“冷水”还是“热水”。饮用水收费涉及许多因素，比如与水过滤相关的成本较高，或者仅仅是为收取小费。

那一次旅行帮助这位咨询者改变了饮水的观念。当她不得不在餐馆中为饮用水支付费用时,她突然意识到水在饮食中扮演的角色。她发现自己是渴望喝水的。她想到自己有多口渴，意识到吃饭不喝水的感受以及饭前能喝上一杯水会是多么地提神。

尽管美国餐馆经常在进餐时提供饮用水，但只有少数人在家中也这样做。好消息是，水是管理饿怒的极好工具。

研究已多次证明了这一点。例如，伯明翰大学的研究人员发现，每次进餐前喝约 480 毫升或一高脚杯的水，会有助于管理食欲。[104] 在此研究中，84 名成年人受邀参与一项为期 12 周的实验。他们都从中获得了改善饮食和加强体育活动的建议。

随后参与者被分为两组。第一组被要求在12周内每日三餐前30分钟喝480毫升的水。第二组为对照组，三餐前不能喝水，且想象自己已经饱餐过一顿。这是为了让受试者认为自己正在接受干预。

结果呢?

要求餐前喝水的那一组平均减重1.3千克，而对照组仅减重0.8千克。

实验的实质性结论就是，想管理食欲或吃得更为用心时，保持水分摄取充足是极为重要的。

## 从饿怒到开心

为帮助咨询者从饮水中获取好处，我常告诉他们要从每天增加饮水量做起。这是为抑制饥饿感能做出的最为容易的改变。

**进食补水食物应对饿怒挑战**。每天至少添加一种补水食物，如西瓜、草莓、甜瓜、桃子、橘子、脱脂牛奶、黄瓜、莴苣、西葫芦、葡萄、芹菜、酸奶、番茄、甜椒、葡萄柚或椰汁。我最喜欢的一种补水食物是冷冻葡萄！将其视为一项实验，并记录添加这些食物对你的情绪和食欲有何影响。

**进食要饮水**。请在饭前喝些水。研究表明，饭前30分钟喝568毫升（约2.4杯）的水有助于更用心地吃下一顿饭。与那些饭前不喝水的人相比，喝水的人饱腹感会更明显，也会更满足，饭后饥饿程度也会降低。[105] 因此，假装你在餐厅里吃饭，在饭菜上来前花时间喝杯水。研究表明，饭前喝两杯水的人比不喝水的要少吃22%的食物。[106]但要记得，饿怒管理项目并非让你减少进食量，而是吃得更加用心。

**进餐开始时喝汤**。因为汤里含有大量水分，所以开始进餐时喝汤会有助于控制食欲。研究人员发现，饭前喝一碗汤会减少饥饿感，并使总热量摄入减少约 100 千卡。[107]

**设定明确的饮水目标**。观察自己的补水习惯，了解平常的饮水量基线。然后每次增加半杯水的摄入量，或任何你能够承受的饮水量。明确自己的目标有助于实现目标。如果你容易忘记，手机软件可以提醒你。现在就开始行动，喝杯水试试吧。

**设定期限和提醒**。请上好闹钟提醒自己喝水，或者设定最后的喝水期限，比如“我会在上午 10 点前喝一杯水”。

**手边常备冷水**。将装有冷水的水壶放进冰箱，以便随时饮用。如果你不喜欢清寡淡无味的水，可以加些切片酸橙或柠檬让其更加可口。

**将补水与日常习惯联系起来**。如果很难记住新的行为或日常习惯，与已有的习惯联系起来会有所帮助。比如，你可能不必为一天刷两次牙这种事费神或费力，那就在刷完牙之后来一杯水。是不是很简单?

## 饥饿催眠师33：神奇的维生素D

“我经常感受到疲惫的困扰，此时我就会用情绪化进食应对。我也因此备感内疚和自责，尤其是在生活中仅有日常压力，其他一切顺利时。医生说我的忧郁可能与饮食相关，我对此震惊不已。我体内的维生素 D 含量低得出奇。维生素 D 水平回归正常对我的情绪和饮食产生了显著的影响，因为它帮我控制住了压力性进食。”

谈及维生素 D，我……

· 察觉不到自己是否摄入了维生素 D。

· 不怎么吃富含脂肪的鱼、奶制品或鸡蛋。我怀疑自己是否摄取了充足的维生素 D，因为我也不像别人那样经常晒太阳。

· 尝试饮食多样化和户外锻炼，所以我体内维生素 D 含量很可能是充足的。

· 经常吃富含维生素 D 的食物，还会测试体内的维生素 D 水平。

当梅拉尼与暴饮暴食，尤其是情绪化进食做斗争时，我首先建议她让医生帮她做个血液检测。激素、维生素和矿物质水平都会影响情绪和饥饿感。评估过后，梅拉尼发现自己体内维生素 D 含量很低，她对此惊讶不已。

我们可能经常忽视或将维生素 D 水平低的体征归结于其他原因：抑郁症、骨骼问题、疲惫不堪、肌肉疲劳、体重增加和情绪问题。我们很容易告诉自己，除了缺乏维生素，一定还有其他的原因让我们沮丧和疲倦不堪。但我们很难追踪体内的维生素 D 含量，因为不做相关检测就察觉不到。

有些咨询者经常要与饿怒和饱腹性悔恨做斗争，原因是体内维生素 D 含量较低。这样的人并不少见，世界上近 3/4 的人体内维生素 D 含量都不充足。[108]

维生素 D 与减少饿怒是否有关系？关系很大！多项研究表明，体重超重的人体内维生素 D 含量较低。[109] 但原因是什么呢？有一种理论认为，维生素 D 有助于大脑产生血清素，提升幸福感。科学家们发现，体内维生素 D 含量低的人与正常的人相比，患抑郁症的概率更大。[110] 因此，当你感觉沮丧时，你其实更有可能借助食物来安慰自己，调节情绪。

但维生素 D 并不仅仅影响情绪，它还能改善战略思维和分析性思维、规划和决策能力。因此，摄取充足维生素 D 也能帮助我们更用心地选择食物。[111]

## 从饿怒到开心

**和医生谈一谈**。如果你正在与食欲、情绪化进食和饿怒做斗争，你可以和医生聊聊体内的维生素 D 水平，并进行检查。

**晒太阳**。获取维生素 D 的最好方式也很简单：在上午 10 点到下午 3 点之间晒太阳。每周花 5~30 分钟在户外活动几次，如果无法外出，照光盒（网上很容易买到）也能够帮助你从光线中摄取维生素 D。

**尝试保健品**。在一项研究中，一位补充维生素 D 的咨询者减掉了近 5.5 公斤，腰围减少了 5.48 厘米 [112]。维生素 D 的摄入量即使比每日建议摄入量高，身体也可以耐受，但最好知道你到底需要多少。想知道答案的话，请和你的医生聊聊。

**维生素 D 应对饿怒挑战**。提高体内维生素 D 含量，看是否会影响饿怒程度。尝试每天添加一种富含维生素 D 的食物，如金枪鱼和三文鱼等富含脂肪的鱼、牛奶、维生素D强化豆奶或橙汁、一些谷物、瑞士奶酪和蛋黄，并注意这些食物对情绪和饿怒程度的影响。户外生长的蘑菇能从阳光中合成天然维生素D。如果你喜欢吃蘑菇，一定要试试鸡油菌、灰树花（又名舞茸）和羊肚菌。

**趁着一大早**。什么时候摄入维生素D特别好呢？你可能会发现，将维生素D加入早餐中最容易做到。在美国出售的绝大多数牛奶都添加了维生素D，而且越来越多的食品制造商也开始在早餐麦片、酸奶、人造奶油和橙汁中提高维生素D含量。例如，一杯强化营养的橙汁含有100IU（国际单位）的维生素D。与不吃早餐的人相比，吃早餐的人体内维生素D含量更高。[113]研究表明，摄入维生素D会对血清素水平产生积极影响，而血清素能使人感觉良好。[114]此外，人体的每个组织都有维生素D受体：每个部位都需要维生素D才能正常运转。

## 饥饿催眠师34：镁元素让你远离焦虑

“我的新陈代谢非常非常缓慢，还总想吃东西。医生问我是否从饮食中摄取了充足的镁元素，她说镁元素会影响焦虑，而不仅仅是食欲。我其实并不知道镁元素和身体有什么关系或它会产生什么影响。”

谈及焦虑程度，我……

- 非常焦虑。

- 有轻微焦虑。
- 只因重要的事情焦虑。
- 不怎么焦虑。

每次会议，杰西卡都会分享所有让她心跳加速、心神不宁的事儿。她知道自己在焦虑中抗争，她可以列出一长串没完没了的担忧，从"明天会不会下雨"到"我老了会不会得阿尔茨海默病"，这些事情都会轻而易举地让她焦虑。但让杰西卡焦虑最多的是出差或遇到其他不寻常的事情，或出现无法控制的变化。

杰西卡和我一起研究如何才能让她从"非战即逃"中冷静下来，方法之一就是多吃富含镁元素的食物。

如果你经常担忧或焦虑不已，富含镁元素的食物是减少饿怒的关键所在。留心身体和它发送的信号很重要。有时，身体试图告诉你，体内有些神经网络正发生错乱。镁元素是能够帮你解决这一问题的。它是人体第四大丰富的矿物质，并参与 300 多种提供能量、修复身体机能的化学反应。

富含镁元素的食物也与减轻焦虑程度有关。[115] 许多食物都含有镁元素，但加工食品和油炸食品中几乎不存在。这也是为什么许多人像杰西卡一样缺乏镁元素。西方国家有将近 2/3 的人体内含镁量不足。[116]

富含镁元素的食物并非魔杖，但杰西卡开始在饮食中加入镁元素后，她发现自己的焦虑程度似乎降低了一个档次，她的思路更加清晰了，也能做出更好的决定，还不时能放松一下。她告诉我，不用手里拿着零食就能坐下来看几分钟电视，也不会在看电视期间上蹿下跳，真是一个巨大的胜利。在这个过程中她只要把脚放平，享受电视节目就可以了。

## 从饿怒到开心

**应对饿怒挑战**。设定镁元素周。每周在饮食中添加一些富含镁元素的食物——每天至少吃一种。此类食物包括菠菜、黑巧克力、豆腐、全谷物、瑞士甜菜、黑豆、杏仁、腰果、土豆、南瓜子、鳄梨、香蕉、西蓝花、抱子甘蓝、亚麻籽、燕麦和胡萝卜。在一周结束时，问一问自己这周感觉如何：焦虑减少了吗？感觉更平静了吗？饿怒减少了吗？镁元素成为日常饮食的一部分是否有意义？经验表明，含纤维的食物通常都含有镁元素。

**南瓜子：**我最喜欢的一种富含镁的食物是南瓜子。研究表明，吃 65 克南瓜子可以降低餐后血糖峰值，这一功效让它成为一种将饿怒转化为开心的好零食。[117]

**鳄梨：**切一片鳄梨，放在三明治或沙拉上。在鳄梨里装入一半肉或蔬菜，或把鳄梨捣成泥，涂在吐司上。一项有趣的研究观察了两类人：在汉堡上放一片鳄梨的人和不放的人。结果表明，鳄梨有助于缓解与焦虑有关的炎症。[118]确实如此！只要在汉堡上加一小片鳄梨，效果就有所不同！

**含镁元素的身体黄油**。这种黄油不是平常所吃的那种！涂抹这种黄油润肤霜，身体可以通过皮肤将其吸收到血液中。可以买一罐含镁元素的黄油，也可以上网查阅教程自己制作（请向医生确认能安全使用）。

## 饥饿催眠师35：来点肉桂吧

“自从营养师建议我在食物中增加肉桂的用量，我就一直将其当作盐瓶一样随身携带。肉桂是一种奇妙的香料，可以撒在任何食物上，甚至是我没有想到的酸奶、咖啡和吐司上。在我看来，肉桂有双重作用，不仅味道很棒，也能帮助调节血糖水平，还能使我更快乐，情绪更稳定。”

谈及肉桂，我……

- 不太喜欢。
- 从不加肉桂，除非食谱上有这一调料。
- 喜欢它的味道，会在食物中添加。
- 喜欢肉桂，而且经常在食物中添加。

我可以算作心理医生，但许多咨询者本身就是科学家，特别是当他们拿自己做实验的时候。

在咨询者中，一些糖尿病患者研究得最认真的一件事就是，血糖水平失控时会出现什么情况。通过倾听他们的诉说，我学到了许多关于血糖如何影响情绪的知识。他们的描述并不愉快。血糖对人的感觉有直接且严重的影响，无论身体有没有其他情况，血糖过低或过高都会让人情绪失控。

因此，我的许多咨询者都成了判断血糖超标的专家。例如，朱莉每隔几天都要测一下自己的血糖水平。她第一次这样做的时候正是因为意识到了情绪与血糖之间的联系。通过观察测量的数据，将其与自身感受相比较，朱莉更加确信二者之间的密切关系。

现在她已经非常擅长辨别自己的感受，因此，通常能在测试前准确猜出自己的血糖水平。“每次我开始感觉糟糕、烦躁、疲惫时，我都会检测一下血糖水平。事实证明血糖的确不在正常范围内了。”她告诉我。

朱莉并不是唯一一个注意到血糖对自己有影响的人。在看到她的血糖值和情绪有关联前，朱莉的丈夫认为她一定是情绪化，对各种事情都这样。而现在，他有时会问朱莉：“你的血糖水平下来了吗？你今天不在状态，想不想测一下？”

记住，不是只有得糖尿病，血糖才会影响你的情绪。有些咨询者发现，影响血糖的一种自然方式是使用肉桂。这种香料在世界各地已经流传了几个世纪。它不只是味道不错。一些有价值的研究表明，肉桂对健康大有裨益，[119]比如它可以降低糖尿病患者的血糖水平。[120]在一项研究中，参与者在连续 40 天食用 1 ~ 6 克肉桂后，血糖水平明显降低。[121]所以，如果你的血糖值很高，那就考虑增加些肉桂的用量吧。

要记住，目前仍有许多关于肉桂的研究正在进行，以了解不同种类的肉桂对人的影响，以及是否对每个人都大有裨益——一些研究还没有得出相同的结论。有些目前正进行的研究规模较小，还需要重复研究进行验证。

你也可以自己做实验，看看肉桂是否对管理饿怒有所帮助。

## 从饿怒到开心

**从小分量开始**。即使是少量肉桂也会对健康产生巨大的功效。在 2016 年的一项研究中，25 名糖尿病控制不佳的患者连续 12 周每天仅仅食用 1 克肉桂（略少于半茶匙），即便如此，仍能降低空腹时的血糖水平。[122] 因此，请在饮食中添加点肉桂，并留意它是否对情绪有所影响。

**行动起来**。在包里或钱包里放些肉桂，容易拿到会让你更有可能好好使用它。

**尝试肉桂棒**。买些肉桂棒，用它搅拌咖啡、茶、酸奶或汤，或在煮肉或蔬菜时往锅里放上一整根。

**提升咖啡味道**。在咖啡或可可饮料中加入肉桂。即使是少量的碎屑也可以提味！

**早餐中加点**。让肉桂开启你的一天，无论早餐吃什么（燕麦片、格兰诺拉麦片、吐司、酸奶、麦片，或任何你喜欢的东西），加点肉桂进去。

**水果提味调料**。肉桂是浆果和苹果的最佳调味剂。

**重要提示**：肉桂是一种有助于控制高血糖的天然食物，但它含有一种血液稀释剂，有可能产生副作用，特别是对正在服用血液稀释药物的人。另外，如果你患有肝损伤，就不要使用它。请咨询你的医生，以确保肉桂不会与你的药物相冲突或出现健康风险。

# 小结：饥饿催眠师

在本章，我们深入研究了一个具体问题：我们进餐不仅仅是为了填饱肚子，这只是很小的一部分。你所吃的食物对你当下开心与否、易怒程度、行为表现以及皮肤舒适度都会有所影响。

从现在开始，你可以成为把每日饮食和自身感受联系起来的专家。

我提到了一些咨询者将食物与自身相联系的话题，但这样的话题还有很多。我们在此谈论的只是能让你开始正念饮食的一种方式。

所以，请结合自身情况，完成以下描述的内容：

当我吃（　　）时，我感觉……

当我吃（　　）时，我认为……

当我吃（　　）时，我表现……

以下各项方便你参考，请你结合生活中出现的机会，催眠你的饥饿吧。

☐ 我选择能让我长时间内有满足感的食物。

☐ 我吃有助于晚上入睡的食物。

☐ 我吃能够改善心情的食物。

☐ 我吃能够帮助我更好地思考的食物。

☐ 我饮食均衡。

- □ 我饮水充足。
- □ 我确保自己摄入足够的维生素 D。
- □ 我确保自己摄入足够的镁元素。
- □ 我使用肉桂和香料来帮助自己控制食物的味道和情绪。

# 第五章

# 改变你的习惯：正念饮食的10个要点

请想一想最近一次用心吃的食物：你真正喜欢，量刚刚好就让你觉得心满意足的食物。

是哪一种呢?

对我来讲，是一个桃子。我今天早上刚吃了个桃子。闻到房间那头的桃子味时，我把电脑推到了一旁，不再写文章了。我小心翼翼地把桃子切开，香甜多汁，真是美味可口。最重要的是，我打字时其实没有想吃东西的冲动，可仅仅花了两分钟吃了 1 个桃子，我就觉得从工作中休息片刻是值得的。

简言之，正念饮食就是要更清楚地知道该如何进食——从如何选择食物、如何咀嚼到食物如何影响情绪和身体状况。这听起来像是个简单得可笑的定义。但对咨询者而言，这是帮助他们摆脱旧习惯，打破“饿怒循环”的重要技能之一。

我的咨询者需要付出努力和注意力才能掌握正念饮食的窍门。一旦开始，就不会再回头，也不可能回头。因为在 1.6 千米之外，他们就发现了盲目进食的诱捕器和陷阱。

我们的饮食方式通常是常规化、千篇一律的，反复使用相同的方式，从而养成了同样的习惯。那是因为我们的大脑喜欢自主运作的方式，喜欢常规和简单的行为，但很多熟悉的习惯恰恰使我们日复一日地感到饥饿。

要想改变这种情况，首先得学会观察自己的习惯。说起来容易，做起来难。即使已经正念饮食了很长一段时间，你仍旧会感到困难。

过去 20 年中，我一直在正念饮食，但还是经常遇到一些由盲目进食带来的挑战。例如，我最近开始定期和一位朋友吃饭。我们经常在周五会议间隙共进午餐，午餐时间不长，我们需要有真正的交流时间。开始时我俩都吃得很快，这点谁都没留意到，也没有谈论过，它就这么发生了。然而，之后我发现，我不喜欢前两次午餐后的感觉。于是，我提前打电话订餐，等我们到的时候就可以直接吃。这样我们就多了 20 多分钟的时间，足以让我们慢下来，享受午餐的同时还能聊天。

我最新的“正念饮食挑战”不是为自己设计的，而是为了教会我的孩子们该如何正念饮食。从他们蹒跚学步起，我就一直在帮助他们培养正念饮食的习惯。他们已经理解这一观念，但我还是能看到其他习惯总在影响他们正念饮食的方式。一天，一个孩子拿起一包零食，然后打开电视，在桌子旁边坐了下来。我注意到“喂，等一等”之类的表情掠过他的脸庞。然后他站起来，关掉了电视。保持好习惯并不总是很容易，但还是可以做到的。

无论你可能面临什么新的饮食情况，正念饮食的解决方案总有一个共同点：注意饮食方式和自身的感受。

在本章，我们将讨论 10 个正念饮食的要点，即帮助你改变饮食方式的简单步骤。我之所以研究这些步骤，是因为咨询者需要切实可行的方法将饿怒转化为开心。

## 改变你的习惯36：好好选择，别为了吃而吃

“对我而言，学会吃得更加用心的一大步是戒除了一个习惯，即每当大脑说‘我饿了’，我就立刻做出回应。我发现，实际上大脑会提醒我饿了，而且总是如此。当我真正抽出时间思考时，我接下来的想法有时是‘确实，我是饿了’。但大约 40% 的时候，我的答案是‘我并不是真的很饿’。这让我很惊讶。我其实从来没有放慢脚步，停下思考甚至质疑过这一点。”

在选择吃什么时，我……

· 因犹豫不决而感到无助。

· 先吃方便可得的食物。

· 会确定一些选择。

· 会仔细考虑自己的选择。

14 世纪时，法国哲学家让 · 布里丹曾讲述这样一个故事：一头驴无法在两捆干草之间做出选择。故事的结局很悲惨，这个优柔寡断的家伙最终饿死了。

许多咨询者都会遇到和那头驴一样的难题：决定吃什么和什么时候吃。不过还好，他们并没有饿死。但犹豫不决也会令人沮丧。当我们无法做出有意识的决定时，常常会陷入习惯和刻板的做法中，且不久便会追悔莫及。

你曾有过多少次在吃饭后会想着“该死，那不是我真正想吃的东西”或者“我为什么要吃那个”？这些都是餐后后悔时的沮丧。之所以会经常有这种感觉，是因为我们没有花时间提前选好食物，而只是有什么就吃什么。

饿怒管理项目中，咨询者要学会有目的地吃得用心。从一开始，他们就要决定自己想吃什么以及为什么想吃，所以他们不会去吃不是自己真正想要或需要的食物。

猜猜看，正念饮食的这个阶段中，咨询者最喜欢的是什么？他们喜欢的是第一步，按兵不动。比起马上采取行动（吃），他们只要先忍住，给自己点儿时间做选择。

## 从饿怒到开心

在选择要吃的零食或食物时，只需记住三点：暂停、定位、选择。

**暂停**。自己觉得饿了，是因为大脑告诉你想吃点东西，或是因为附近有食物，这时候就请暂停 30 秒。我的咨询者经常在脑海中对自己说要暂停一下。这样做，他们就意识到，此前自己几乎从来没有试图限制或质疑过饥饿。

**定位**。根据具身认知心理学理论，将思想与行动结合起来会影响你的行为。[123] 如果把脑海中的停顿和肢体语言上的实际停顿结合起来，就更可能获得你需要的停顿。所以，请想一个能够提醒你更加用心的动作。举个例子，把脚从地上抬起来，好像要踩刹车一样放慢速度，或是用手发出停止信号，或是把手按在桌子上，就像在按一个看不见的暂停按钮。

**选择**。停下来时问问自己："在这一刻，什么样的选择才是用心的？"答案可能是吃，也可能是其他的选择，比如小睡一会儿或是休息一下，或是觉得很无聊时换一件事情做。也许除了食物以外的东西才能真正满足自己。选择食物时，一个有用的经验就是要限制选择——3个或更少。选择太多反而会让我们不知所措。想想很多页的菜单和单页菜单，带给人的感觉是截然不同的。

## 改变你的习惯37：适时调整，寻找新意

"我喜欢换着零食吃，不然就会对一种食物产生厌倦，有时还会过量食用。而吃得太多时，我会开始厌倦食物。"

谈及吃东西，我……

- 每天吃的食物几乎一模一样。
- 有一份相当固定的清单，包括食物和常去的餐馆。
- 选择很灵活。
- 喜欢冒险并尝试新的食物，愿意做任何尝试。

几年前，我在纽约拜访了一位朋友。他从街上的小摊买了两大块比萨，递给我一块。我很尴尬地咬了一口，他说："呀，呀，呀！在纽约可不能这么吃比萨啊。"

说完他把自己那块比萨折成两半。我来自美国中西部，我们那儿从不把比萨折起来吃。在芝加哥，我尝试过深盘比萨，但是会

借助刀叉。“入乡随俗吧，这里是纽约，”我心里想着，然后就学起朋友的吃法。吃比萨对我来说并不是什么新鲜事，但那样吃我从来没有尝试过。

随着时间的推移，过去带给我们快乐的事物渐渐让我们失去了愉悦感，心理学家称之为享乐适应。曾经让我们快乐的事情在反复经历之后，也开始失去光彩。这种情况适用于任何事物，从一辆新车到一段新的关系，当然也适用于食物。

餐馆对此也有所了解，所以他们会用食物来做新的宣传噱头：站着吃、在黑暗中吃或是不用餐具吃，而人们蜂拥而至，追求这些新的体验。

但会奏效吗？最近的一项研究中，研究人员让参与者吃爆米花。50% 的人被要求用手以正常的方式吃，另外 50% 则被要求使用筷子。结果，用筷子的人比其他人更享受吃爆米花的乐趣。[124]

在研究的第二部分，300 名参与者认为以新的方式喝水更令人愉快。在这项研究中，参与者自己想了新点子喝水。他们的想法千奇百怪，用马提尼杯或红酒杯喝水，或是像猫一样用舌头舔杯子里的水，这些新奇的方式让他们更喜欢喝水。

为什么会这样呢？因为碰到新奇的事情时，我们会给予更多的关注，而当我们更关注某件事时，就会更加享受。

即使是我们喜爱吃的食物，比如冰激凌和饼干，时间长了也会变得乏味。我们不会再在吃每一口时都啧啧称赞。我们经常喜欢吃的食物会变得熟悉而平淡。

总之，某种食物吃得越多，我们其实越没那么享受。

我给了咨询者一个最简单的建议，可能听起来有点疯狂，就是要坐在餐桌的另一个位置。为什么呢？因为大多数人吃饭时往往坐在完全相同的位置。简单的座位变化就可以明显地改变体验感。

如果想更加享受食物，诀窍就是打破常态。做一些不同寻常的事儿，才会带来更多的乐趣，而不是吃更多的食物。

## 从饿怒到开心

**找个新位置**。换个新视角或新地点吃饭，可以是餐桌旁的另一个位置，也可以是休息室的另一个座位。你也可以在地上或床上野餐。

**使用手指**。比如，在埃塞俄比亚人的饮食习惯中，人们用手而不是银质餐具来盛食物，或拿面包就着。用手指可以感受到食物的质感，而且可以更加专注于所吃的食物。

**组合独特**。忘掉平时的搭配。在最喜欢的食物上撒上最喜欢的调料，无论是什么食物。试试在辣椒上撒上肉桂，在甜点上撒点盐！

**用不同的玻璃器皿**。试着用马提尼杯或葡萄酒杯喝水，并添加水果装饰让家人多喝水，特别是那些不喜欢喝白开水的人。

**换个餐具**。用刀叉吃比萨可以让自己放慢速度。吃冰激凌时也可以试试叉子或小勺子。

**换另一只手**。用不常用的那只手吃饭。如果你是右利手，就用左手拿叉子。

**将顺序反过来**。先吃纸杯蛋糕，再吃糖霜。或者先吃最喜欢的食物，而不是把最好的留到最后。

**冷冻 / 加热食物**。温度的变化可以改变一切。将葡萄放入冰箱或将巧克力放入微波炉加热。

## 改变你的习惯38：坐下吃，解放双脚

“我讨厌那些有东西吃但没座位的聚会，我得一边吃东西一边和别人说话。我喜欢坐下来吃，那样才能享受食物。站着的时候，我往往会不假思索地嚼着食物。更糟的是，我会站在餐桌旁一点一点不停地吃。”

吃东西时，我通常……

· 靠在餐台旁。

· 在厨房或办公室里走来走去。

· 坐在电视机前的沙发上。

· 坐在餐桌旁。

最近，我和女儿去了纽约。我们的惯例是去所在城市找一家很棒的面包店买一个纸杯蛋糕，然后一起分享。这一天，我们在西村面包店买了一个带糖霜曲奇饼的香草蛋糕。为了方便我们带回酒店，女店员把它放在一个透明的塑料盒里。走回去的路上，我注意到女儿一直如饥似渴地盯着这个蛋糕。到华盛顿广场公园时，她说：“我们坐下来吃点蛋糕怎么样？这样就可以更好地享受美味了。”

这是个非常专注的时刻。她没有选择边走边吃，而是提出了享受食物和让食物产生最大效用的最佳方式——坐下来品尝。

这听起来很简单，但是想一想自己是否经常在冰箱前、沙发上或走动时吃东西。过度饥饿的明显标志之一就是无论自己身处何地，找到什么就吃什么。

咨询者经常谈到他们会在许多地方吃饭。我有个单身咨询者名叫杰夫，我问他经常在家里哪个地方吃饭，他停顿了一会儿，告诉我说："在公司的时候我在办公桌前吃饭。但在家里，我会靠着吧台，边吃边看电视，从来没坐下来吃过。"这往往意味着他会再吃一份，只因为食物就在旁边的吧台上。

一次又一次的研究表明，吃饭的地方对合理饮食和管理饥饿起着重要的作用。在一项研究中，加拿大研究人员将参与者分为两组。一组站着吃塑料包装盒里的食物——就像我们很多人一样，而另一组则坐在桌子旁吃一餐饭。几小时后给他们下一顿饭时，站着吃的那组多吃了 30% 的食物。另一项研究表明，在餐桌上吃饭的孩子的父母的 BMI（身体质量指数）较低。[125]BMI 较低的原因可能有很多，但部分原因是在餐桌吃饭时，我们的注意力会更集中在吃饭本身。

"可是，"有些咨询者说，"我边看电视边吃饭时就是坐着的。"但并不是只要坐着吃东西就会带来神奇的效果。事实上，坐在电视前吃东西会让我们分心，无法充分享受食物。因为我们不太会关注食物，且注意不到身体已经传递出吃饱的信号。

坐下来吃饭会有何帮助呢？为什么坐在桌子旁那么重要？因为

这样会有助于集中注意力，减少分心，更加关注自己的食量。

### 从饿怒到开心

**别站着吃**。每次吃东西时，找个地方吃。与其在走路时狼吞虎咽地吃比萨，不如去公园找一张长凳坐下来再吃。还可以去午餐室，或是在聚会中找把椅子坐下吃。请记住，如果你能花点时间专注于食物，就会感到更满足，吃得更用心。

**找张桌子**。你最常在哪里吃饭？那里有可以吃饭的桌子吗？或者有可以被当作桌子的东西吗？找出家里和工作环境中的桌子在哪儿，然后尽可能坐在那里吃饭。即使并不总能找到一张桌子，也可以利用此种方法让自己处于“桌子心态”中。

**创造一张桌子**。当周围没有可用的桌子时，就自己“做”一个。把文件从桌子上移开，创造一个安静的地方吃午餐，或者坐在沙发上，但不要打开电视。

**集中注意力**。真正的诀窍是，不要只是坐着。开动之前，精神和身体上都要充分集中在当下。无论在哪儿吃饭，花点时间集中注意力。把脚平放在地板上并重复“吃时到，脚要放，我就在这座位上”这句箴言，以此将注意力集中于食物，并让自己置身于当下所在的地方。

## 改变你的习惯39：放慢节奏，慢慢咀嚼

“我吃得太快了，好像在以最快速度往嘴里塞东西。有时几乎

不尝味道就吃了下去。有一次，我差点被一块肉噎到，咳得不行。这件事给我敲响了警钟，我需要放慢速度，细嚼慢咽。”

谈及咀嚼，我……

· 不注意咀嚼。

· 就嚼几下，能咽下去就行。

· 会充分咀嚼。

· 会嚼很久，确保把食物咬碎。

我最近和一个朋友一起吃午餐。她告诉我，她和她男朋友之间出了点问题，这让她十分难过。她吃饭时一直在硬吞，而不是咀嚼。不言而喻，她很生气。这也再次提醒我，饮食方式反映了我们的感受，而我们的感受也会影响饮食方式。

想一想自己是如何咀嚼的。

许多咨询者对食物有着强烈的渴望，他们告诉我，咀嚼是自己最不可能考虑到的事。当看到食物时，如何咀嚼是不会出现在他们的味觉雷达中的。通常情况下，食物越美味，他们吃得越快。结果就是没有真正品尝到食物，最终导致暴饮暴食，有时甚至根本无法享受到食物。“你可以吃一整盘食物，”我告诉他们，“但其实一口也没有尝到。”

不管你信不信，咀嚼可以带来很大影响。

咀嚼就像呼吸。我们并不会过多地考虑呼吸是怎么进行的，除非呼吸成了挑战。如果你正在爬山，突然呼吸变得困难，你就会开始关注并试图控制它。这种情形就像你在吃一块坚硬的牛排，当你必须努力啃咬时，你的意识和注意力才会转移到咀嚼本身。大部分时间我们的咀嚼和呼吸都是自动完成的。

上文我朋友的事证明，咀嚼非常重要，可以避免呛着或噎着。咀嚼有助于身体处理食物，但也会对饿怒产生超出想象的影响。

一篇关于 16 项咀嚼研究的综述中，研究人员发现，细嚼慢咽不仅可以减少饥饿感，还可以减少进食量。[126] 为什么呢？因为咀嚼不仅仅是分解食物，还会向肠道发出信号，激活处理食物的激素，让身体做好准备。为了验证这一点，数项研究观察了在咀嚼食物但没真正吃到 [127] 以及嚼口香糖时会发生些什么。[128] 研究人员发现，即使没有真正消耗食物，咀嚼行为本身也会对控制饥饿和食欲起到重要的作用，让身体充分享受食物。[129,130]

## 从饿怒到开心

**设定目标**。吃饭前告诉自己："我要更有意识地咀嚼。"设定目标会帮助你更加专注于正念饮食。从对大量咀嚼研究结果的综述看，每吃一口嚼 25 次效果最好。[131]

**观察他人**。下次和家人一起吃饭或者和朋友出去吃饭时，请注意他们的咀嚼程度。有些人吃得很慢，有些人会一口将整盘食物一扫而光，其他人则介于两者之间。

**将食物切成小块**。吃东西快的人不仅吃得快，往往还会大口地咬。如果咬了一大口又匆匆咽下去，那很可能没有好好咀嚼食物。这也意味着胃里的食物几乎都是整块的，然后只能由可怜的胃来承担本该由嘴巴完成的工作，结果会导致胃痛、胃灼热、消化不良、恶心和体重增加。如果你有这种倾向，其实你也不是唯一的一个。改变这个习惯的方法就是要把食物切成更小、更易咀嚼的块儿。这只是一个简单的数学问题——如果把食物切成小块，就必须咬更多口，也意味着吃得更慢。所以，请试试小块的食物，看看如何能够减慢吃东西的速度。[132] 试试不同大小，把食物切成 25 美分、5 美分和 10 美分的大小。好消息是，研究还表明，无论是吃巧克力还是喝汤，吃更小口时，我们会吃得更少。[133]

**有意识的停顿**。咀嚼每一口时，请有意识地停顿一下，比如吸口气，喝口水，换个餐具，或是把叉子放下一会儿。

## 改变你的习惯40：留心观察你的选择

“我是个典型的‘饿鬼’，几乎没办法停下好好品尝自己吃的东西！”

吃东西时，我……

- 就只是开吃。
- 会停下来观察食物的品相。
- 有时不想吃看起来并不美味的食物。
- 会保证用外观精美的盘子盛食物。

如果把食物像艺术品一样端上桌，我极有可能看一眼我的食物，比如餐馆里摆盘精致的菜肴或是制作精美的婚礼蛋糕。那一排排令人垂涎欲滴的法式糕点，上面放着草莓，也总会令我驻足。这类举动再正常不过了，我甚至都不加思考就会去做。

但谈及日常食物，有时我们甚至不会低头看一眼正大快朵颐的三明治或从包里拽出来的火腿汉堡。

从穴居时代起，吃东西前观察食物就是一种生存本能。我们需要根据食物的颜色和气味来确认它是否能够安全食用。

从冰箱里拿食物出来时，我们都曾想过：“嗯，最好扔掉吧，看上去不能吃了。”

但是，观察食物并不仅仅是出于安全食用的考虑。事实证明，观察食物也会影响进食量以及自身的满足感。

你可能觉得饥饿仅仅是因为人体需要补充营养物质，但科学家们进行了一系列相关研究。过程中，他们只是将食物通过喂食管直接灌入胃中，然后发现，即使食物中含有人体所需的所有营养物质，人们仍会感到饥饿。[134]这就说明，观察食物，拿起叉子，张开嘴吃的过程也同样重要。

视觉信号能帮助我们了解自己是否已经吃饱。如果看到盘子里还有一堆未动过的土豆泥，我们会想：“我还没怎么吃呢！”但如果盘中空空如也，我们可能会说：“哇，我吃得一干二净了！”

另外，向自己暗示吃了多少食物也会影响满足感。如果告诉自己已经吃饱，我们实际上会觉得饱腹感更强。

我妈常说要“三思而后行”。

现在我会说：“餐前要三看而后行！”

吃东西前，哪怕你只想吃一口，也要仔细看一看食物。

从饿怒到开心

**多多查看**。吃之前要停下来花点时间细看看食物，留意食物的分量和整体外观。它看起来津津有味吗？水果和蔬菜香脆可口吗？分量怎么样，很多还是很少？

**选择用词**。如果你告诉自己“它看起来真能让人吃得满意”，大脑很有可能也会这样标记食物。请在餐前或吃零食前对自己说这些话吧。

**调整饮食节奏**。用餐时，用视觉信号查看一下自己的进食量。吃了多少鸡肉了？又吃了多少烩菜了呢？

**保存零食证据**。这样做有助于对吃过的零食产生视觉信号，方便记忆。众所周知，我们不太会记得自己吃了些什么。因此，把蛋白棒的包装纸或盛薯条的空碗放在桌子上。看到自己吃完后的食物包装和器皿会让你的满足感持续得更久一些，这是因为你对吃的东西有了记忆。

## 改变你的习惯41：享受每一口

“我喜欢食物，但不会真正地品尝。看到妻子尽情享受每一口巧克力时，我才发现这一点。因为，我吃巧克力时，总是还没吃完这块就开始想下一块了。”

谈及品尝食物，我……

- 狼吞虎咽。
- 一般不会仔细品尝，除非食物非常美味可口。
- 试着品尝每一口食物。
- 关注所吃食物的口味和口感。

每年圣诞节，我都招呼人品尝我做的美食。我会做许多特制巧克力曲奇饼干。在我看来，它们美味无比！我只给熟人，一人给一块曲奇，是的，只给一块！而不是一打。我将这些饼干包装得很精美，然后观察会出现什么情况。

到目前为止，还没有人会不加思考地说声“谢谢”然后将一块饼干放进嘴里。相反，人们会花很长时间来计划该如何吃饼干才能够尽情享受。有些人会专门选个能全神贯注的时间：“下午三点会议结束后，我会吃掉饼干。这时我才能安安静静坐下来，安心享受。”还有一些人会计划如何能从食物中获得最多的体验：“我打算先把饼干热一下，然后再坐下来喝杯咖啡。”

品尝食物的目的是更清楚地辨识自己的饮食习惯。这让我想起了买跑鞋的经历。我买第一双跑鞋是因为我喜欢它的颜色：绿色。就是这样，颜色是我唯一的标准，但自那以后，我对跑鞋各个方面有了非常深入的辨别力——舒适度、重量、透气性以及弹性。我了解到，并非所有的跑鞋都是相同的，不同的鞋功能不同，好的跑鞋能将跑步能力提升到完全不同的级别。

食物也是如此。有时我们吃某种食物是因为喜欢食物的外观，但有更强的食物辨别力时，我们考虑的是食物留在口中的味道。你喜欢这种食物的口感吗？尝起来好吃吗？会让你能量大增吗？渐渐地，我们做出的选择会更全面、更具体且更具前瞻性。

我有一个咨询者喜欢吃番茄。当季时她尤为享受，会花很多时间挑选颜色红红、熟得透透的番茄。从开始到结束的整个过程中，她更深入地了解了番茄的味道，也享受到更多的乐趣。

快餐文化却教会我们另一种尽情享受。比如，我们经常会在离开快餐店前打开放鸡块的盒子，一个接一个地往嘴里塞。

但研究表明，品尝食物并不意味着要从每一口食物中获取更多的享受。品尝本身也能促进正念饮食，反过来也减少饿怒的爆发。[135]

### 从饿怒到开心

**打开你的感官**。在开始吃每一口食物前，你能做到的最重要的事就是调动全部感官。要做到这点，请把你要吃的东西看作一种未曾尝过也不曾见过的全新食物。想象一下你会做些什么吧。

**嗅觉**：闻一闻要吃的食物的气味。

**视觉**：观察食物的外观和它呈现的感觉。

**听觉**：与食物交流时你听到了什么声音？噼啪声，嘶嘶声，还是嘎吱声？

**触觉**：食物在你口中的感觉如何？用手指拿起时又有什么感觉？是光滑，还是松脆？

**味觉**：它会是辣的，淡而无味的还是味道刚刚好？

**细品第一口**。研究表明，食物吃得越多，我们的愉悦感并不会随之增强。相反，第一口食物的味道是最好的，因为在吃的过程中我们会越来越习惯或适应这种味道。然后，伴随每多一口的咀嚼，愉悦感却在不断下降。因此，要想更好地享受食物，就要让第一口食物吃得有滋有味。请不要试图吃很多，这样并不会增加你的快感。[136] 你只需要吃好第一口食物。[137] 问问自己对第一口食物的感觉如何：喜欢，厌恶，还是还可以？

**布置进食氛围**。对食物的享受也有部分来自按喜好安排饮食的整个过程。对于能提升乐趣的一些特定饮食方式，肌肉是能形成记忆的。比如，也许你喜欢一大早坐在后门廊的躺椅上，拿着你最心爱的杯子喝咖啡。又或者吃饼干前你会将其加热到合适的温度。吃东西前，要想一想如何能使整个饮食过程更令人愉快。

**练习享受**。研究表明，运用所有感官将有助于享受食物，但这也需要练习。[138] 所以，请尝试小口吃些差异较大的食物，这会有助于改善味觉，帮你了解口味间的细微差别。比如，切 4 种不同的奶酪——切达奶酪、高达奶酪、蓝纹奶酪和门斯特干奶酪。每次咬一小口，然后选出你最喜欢哪种。或是轻咬 4 片不同品种的苹果（金冠、蛇果、澳洲青苹和加力果），然后根据甜度和喜爱程度给它们排序。也可以在盘子里放 4 种不同类型的巧克力（可可含量从 25%、35%、55% 到 72% 不等）或把不同类型的水果串在一起，一个个慢慢拿下来，再细细品尝。这可以作为一种有趣的聚会活动，也可以是一个能让你自主练习成为味蕾专家的活动。

**请闭上眼睛**。减少一种感官知觉时，你会变得更加依赖其他的感官，这也意味着味觉会更加灵敏。最近一项研究要求参与者选择蒙上眼睛吃饭，或是按正常方式吃饭。结果表明，蒙上眼睛会让人更加享受食物，同时吃得更少。[139] 因此，吃东西前请先闭上一会儿眼睛，然后再开动。

## 改变你的习惯42：转移注意力

“我知道应该专注于自己的食物，但我也需要尽力解决生活中发生的其他事。我不能同时专注于所有事。因此，食物也无法转移我的注意力，即使是我在吃的时候。”

吃东西时，我……

- 可能在开车、打电话或发短信，很少专注于食物本身。
- 会变得极易分神。
- 停下手头的事情，然后用心吃。
- 会专注于每一口食物。

当吃则吃。

这不是一句禅语，而是我一直在对咨询者、对自己、对孩子所讲的箴言。

因为想在吃饭时全神贯注是不容易做到的。

有的咨询者说“我没时间吃饭啊”或者“我只有几分钟能吃午餐”。

有的咨询者说“吃饭像是在浪费时间”或者“吃饭时我可能也在做其他的事”。

不管怎样，他们的反驳总是与时间的使用有关。

当然，这是可以理解的。

每天你都要忙个不停，那么多同时出现的事儿会把你拖得晕头转向。大批的电子邮件每时每刻都在涌进收件箱。你的手机响个不停，而且还有一大堆差事在等着完成。

但生活中分心带来的后果其实很严重。

我有一个咨询者最近出了车祸。我问她怎么回事，她羞怯地低头看着腿。“我一直担心食物会害死我，”她说道，“但没想到会是真的。当时我一边开车一边伸手去拿身旁袋子里的薯片，然后车子就歪向了一边。”

在车里吃东西不一定会发生车祸，但吃东西的时候分心通常会引发饱腹性悔恨或饿怒。《美国临床营养学杂志》最近发表了一篇综述，[140]该文对24项大型研究做了综述后强调，正如人们所了解的，吃东西时注意力不集中往往会导致暴饮暴食。

清淡的饮食也会带来饿怒。但最近发表在《心理科学》杂志上的一篇文章带来了新的希望。文中提出一个可让食物更美味的简单秘诀，[141]其要旨并非加入新的香料或原料（比如我会在巧克力饼干中加盐提味），而是要从行为上做出改变：吃饭时不要同时处理多项任务。

在这项研究中，研究员要求参与者记住一个7位数或8位数，一边记一边吃一些咸、甜或者酸的食物。然后让他们评估食物味道的轻重。吃东西时需要记更多数字（即任务更难或认知负担更重）的参与者认为食物的味道更清淡，他们吃的甜食和咸食数量也更多。

结论如何？同时处理多项任务会减弱食物的味道。为什么会这样？因为大脑必须同时处理所有事务时，不同的感官体验会相互竞争，这可能使你不仅仅关注味觉。

当你要同时应对多个事件时，感官也会被拽向多个不同的方向。如果我们一边看电影一边玩游戏，就无法做到尽情享受任何一者。

《食欲》杂志上发表了一项研究，深入探讨了我们在吃东西时分心的原因。[142] 研究发现，与食物有关的分心有两种：一是让我们感觉不到饥饿，二是让我们无法专心饮食。

研究人员将参与者随机分组，要求他们一边吃东西一边模拟开车，看电视，与研究人员交谈或是独自专心地就座。模拟司机在开车时并不会感到饥饿，但也因此无法专心进食，结果，他们无意识的进食量较少。由于要看节目，模拟看电视的参与者也没感到多么饥饿，但并没有从饮食中分心，因此，他们无意识进食的量比较多。与研究人员交谈的参与者因无法专注于进食，仍然感到饥饿。他们进食量不多，可能是因为有陌生人观看，不好意思独自吃东西。而完全单独进食的那一组参与者则全然贯注于饥饿和饮食，换句话说，他们能做到正念饮食。

我的咨询者经常提出的一个与吃饭时分心有关的问题，比如打开电视机。我的许多咨询者都表示他们就是喜欢这样做，这其实也无可厚非。对有些人来说，吃饭时不看电视不切实际，没有电视机在旁，他们会吃得索然无味。

正念饮食的目的并不仅仅是让你关掉电视或在完全安静的环境中吃饭。你能一边看电视一边专心于饮食吗？当然可以！那你的大脑是能做到这点的。事实上，即使不知道电视在放些什么节目，我也经常打开，当背景音听。

然而，完全沉浸于电视节目也是行不通的，因为你会不知道自己是如何把一碗饭吃得一干二净的。

### 从饿怒到开心

**时间越少越要用心**。这并不是要求你增加用餐的时间，而是要全神贯注地进食。即使你只有一分钟的时间吃零食，也没关系，只要做到全神贯注就可以。

**关掉分心的声音**。管理生活中的声音，哔哔声、电视声、音乐声或任何能让你从当下分心的声音。

**集中精神用餐**。我们经常会在进食时怀着各式的想法，反正注意力不在餐桌上。进餐前，请下意识地集中注意力。可以选择餐桌上任何一点来帮你集中精神，比如桌上一个特别的杯子或碗。走神时，只需将视线重新拉回原处。请允许自己将忧虑或思绪放到一边，然后全神贯注地吃饭。

**检查注意力状态**。问一问自己："此刻我在食物上的注意力有多少？"很多？一点儿？为提高注意力，你能做的第一步是什么？闭眼，将令人困扰的事情暂时抛之脑后，还是认真观察眼前的食物？

## 改变你的习惯43：掌控内心渴望

"不知怎的，我的脑海里会开始浮现冰箱里的奶酪通心粉。我想，如果把它放在微波炉里加热 1 分钟后会是什么味道。绵软可口、黄油味的面条一定会非常美味。我想着拿起叉子吃奶酪时的感觉。突然，它就在我脑中挥之不去了。”

一想到渴望吃到的食物，我……

· 就一定要吃到！！

· 会去吃（如果这种渴望十分强烈，持续不断）。

· 能抑制住心底的渴望，而且特别想吃的东西并不多。

· 努力克服对食物的渴望，用心应对。

事情是这样开始的：你正在电脑上打字，突然，脑海里莫名其妙地跳出“巧克力”这个词。

嗯，你心里在想着。

然后脑子里一直在回响：“嘿，莎伦今天在休息室留下了咸焦糖巧克力布朗尼，松软香糯，嚼劲十足，非常好吃。真是又软又浓啊！”

不论你是否相信，这一思考过程被称为：欲望侵入论。[143] 大致说来，该理论认为对食物的渴望可分为两个阶段。第一阶段，人会不自觉地有一个想法或渴望：我想吃薯片！这种想法是侵入式的，也就是在未经允许的情况下强势闯入大脑，然后占据大脑，挥之不去。第二阶段，闯入头脑的想法使你开始想起食物给感官带来的美味享受：薯片在舌尖上的咸香酥脆。[144]

瞧！你的大脑开始陷入对食物的强烈渴望了。

想控制对食物的渴望并不容易。很多人一开始都试图用拔河比赛的方法来应对。比如，迈克会告诉自己："是的，我很想一头扎进妻子做的巧克力饼干的特百惠盒里。但是不行，我觉得这不是个好主意，因为我现在只能吃 6 个。"

问题是，他的想法并没有停止于此。因为这种渴望一直闪现，他会一直在想："但就是这样，我想吃，饼干就放在那里，但我不应该吃，吃一个根本停不下来。"

接下来发生的事无法预料。有时欲望会占上风，有时却不会。但可能因为拔河比赛的方法经常不起作用，迈克和其他咨询者最终会觉得一旦受制于渴望，自己就变得无能为力。

幸运的是，还有其他应对渴望的策略。

关键是有意识地回应对食物的渴望。

从入侵理论可知，无论第一个想法是否出现在脑海中，我们都无法控制自己是否有渴望。但研究表明，我们可以影响渴望的强度。[145] 你可以借用你的想法强化或弱化这种渴望。这完全掌握在你的手中或大脑里。

在一项针对食物渴望的研究中，249 名女性完成了一项在线调查，主题是近期最渴望吃到食物的经历。1/3 的参与者表示，她们有了渴望吃到食物的想法时，大脑就会开始想象那些食物，这一点不足为奇。[146]

然后，这些女性描述了为满足这种渴望所采取的各种方法，其中一个方法特别有助于防止她们因产生的渴望而吃东西。

事实证明，脑海里出现第一个渴望的想法后，思绪去向何处，这一细节最为重要。与没有客观谈论自己渴望的人相比，那些告诉自己"这只是个想法"的女性更能克服自己的渴望。

迈克想要辆新车，他描述了这种想法的力量。他告诉我，这个想法时不时就会潜入脑海。此时，他有两个选择：要么想法一出现，就告诉自己“我就想想而已，现在真的买不起”，以此制止自己；要么就开始幻想车的类型、引擎大小和颜色等细节。当他选择了后者，欲望就会飙升，他有时甚至会去车行连续看几个小时的车。

原因不过是，有想法并不意味着你必须回应。我们会想起并渴望很多东西，但不会一想到就急切地冲出去，要立马弄到手。大多数时候，我们会花时间想想自己是否真的需要它，是否负担得起，然后才会做出决定。其实对于食物也是如此。

### 从饿怒到开心

**察觉想法**。当欲望第一次在脑海里出现时，你要告诉自己“这只是个想法而已”。记住，仅仅有一个想法，并不意味着必须去回应，甚至为此左思右想。因为想法并不是命令。

**关掉内心的“电视”**。一旦有了某种渴望，控制其强度的最好办法就是避免它在想象中扎根。想象它的气味、味道和质地只会加深对它的渴望。相反，要让思绪掉个头，转向其他事物。有了某种渴望时，提前用别的事情占据大脑或许更有帮助，尤其是你喜欢想起的，而且能吸引你的事物，比如最喜欢的运动队、电视节目、个人爱好等。

## 改变你的习惯44：放慢速度

“我吃饭太快，这怪我丈夫，他总是一口气就把饭吃完，好像在参加吃饭比赛。”

吃饭时，我……

- 狼吞虎咽。
- 有时吃得很快，特别是非常饿的时候。
- 吃饭速度正常，不快也不慢。
- 吃饭很慢，经常是餐桌上最后一个吃完的。

咨询者特蕾莎告诉我：“昨天我的喉咙后部被烫伤了，直到现在还疼。我当时正从烤箱往外拿一块烤得很辣的土豆，立刻就尝了一口，连一秒都没等。我把 400 摄氏度高温下烹饪的食物直接就放进了嘴里，一下停顿都没有。”

她的嘴烫得很厉害，疼了好几天。但这为她敲响了警钟，“吃饭时我一定要慢下来，”她表示，“吃饭快不仅会伤到自己，还让我一点也享受不到食物。”

许多人出于习惯或所处环境的原因吃饭速度很快。这不仅指前述技巧中谈及的快速咀嚼，还包括将食物以极快的速度送入嘴中。想想自己属于哪一类，5 分钟还是 20 分钟吃完一餐。通常，快速进食的人会谈到自己成长的家庭吃饭速度较快或是进餐时还忙碌不停，这为他们成年后的进食速度设定了基线。回想一下你成长的家庭，吃饭时是慢悠悠的，还是急匆匆的，或是忙个不停?

特蕾莎曾谈到自己成长于家庭氛围极为紧张的环境。父母随时可能发生争吵。小时候她就开始负责饭后收拾餐桌。那时她留意到，如果吃快一点，她就能尽快逃回自己的房间。这种氛围使得特蕾莎进食速度非常快，养成了一个她长大后必须努力改掉的习惯。

快速进食的习惯也可能是性格的原因。有些人喜欢研究细节，他们会悠然自得地慢慢处理各种情况和任务。而另一些人则只想完成任务，即使是吃饭也要忙个不停。他们往往会对拖慢进度的事情恼火不已，比如，有人在快车道开车太慢或服务器网速太慢。

但引发快速进食的罪魁祸首不是时间问题，而是他人。我们倾向于和身边的人以相同的速度吃东西。特蕾莎就属于这种情况。她说丈夫是她认识的人中吃饭速度最快的。她也常常发现自己不知不觉中形成了跟他一样的吃饭速度。让他慢点根本不起作用。相反，她学会了控制自己的吃饭节奏，但丈夫无法掌控。

特蕾莎并不是唯一受他人进食快慢影响的人。在一项研究中，参与者一边看电影，一边吃“Chex”混合小吃或“M&M”巧克力豆。事实证明，电影中吃东西的片段也会对人产生影响。与角色停止进食的片段相比，观众看到电影角色吃东西时也会吃得更多。[147]

一项又一项研究表明，快速进食的一大弊端是会导致盲目进食。[148]不论做任何事，速度太快往往结果不佳。工作时太匆忙，会忽视细节。考试时做题太快，出错率就会高。有时后果可能还会更严重。如果车开得太快，就有可能发生事故。

事实证明，放慢进食速度有益于健康。其中最大的一个好处是有助于我们记住所吃的食物，这听起来像是个让人惊讶的好处，但记住食物对延长满足感大有裨益，还能减少盲目进食。在一项研究中，参与者被要求快速或缓慢地喝汤。缓慢喝汤的参与者表示，不管是用餐期间还是餐后，饱腹感有了更大的提升。3 个小时后，缓慢喝汤的参与者记得自己喝汤量更大些。这些发现表明，细嚼慢咽能使人更有满足感，更重要的是，它帮助我们记住满足感。这样我们更容易在下一餐时更加用心，因为给予满足感的食物和零食会留下持久的心理印记。[149]

### 从饿怒到开心

**设定目标**。开车时，要确认限速。所以，坐下吃东西时，也要设定预期的进食速度。对自己说："把握好节奏，这不是比赛。"

**选择坐姿**。我们常弓着背吃东西，这样就缩短了叉子和盘子间的距离。要想慢下来，请将背紧紧靠在椅背上坐直。

**留意同伴**。如果和别人一起进餐，请花点时间留意一下对方的速度。很快、适中，还是很慢？现在，下意识地确认一下自己想比同伴吃得快、慢，还是步调一样。饭前，等所有人开动后再进食是一种礼貌。这不仅是个良好的习惯，还能帮助人们调整吃饭节奏。因此，许多人一起出去吃饭时，如果你比别人先吃完，你也不必为跟上进度而继续吃下去。请记住，你们同时开动并不意味着要同时吃完。

**做标记**。需要停顿一下吗？请将刀叉交叉放置在盘子里，把注意力集中在交叉形成的 X 形上停留片刻，让自己慢下来。

## 改变你的习惯45：微笑进食

"正念饮食深刻地改变了我的生活。我过去节食，为每卡路里热量而烦恼不已，现在已开始重新享受食物了。我不再将每一餐当成自己作为人的标准了，不会因为没吃法国薯条就认定自己‘很好’，或是因为吃了两块巧克力蛋糕认定自己‘很糟糕’。对自己的饮食方式感觉良好让我觉得真的很棒。就这样。”

谈及对饮食的总体感觉是，我……

- 备感压力。
- 偶尔会担心自己吃了什么。
- 大多数时候很享受吃东西。
- 爱吃东西，吃东西总能使我开心，而且不会有压力。

我喜欢在分享最后一个技巧时得到的回应。

“每咬一口食物都要微笑一下。”我告诉咨询者。

接受这让人快乐的建议后，他们会不由自主地以微笑回应，有时自己甚至都没意识到就开始了微笑。

我提出这个建议，不仅因为进食时的停顿能让自己检视进餐速度——它的作用就是如此。而且，进食时更开心还有很多其他好处。

近来的一项研究中，研究人员要求参与者选择吃巧克力或是饼干，态度或认真或不加思考。[150]研究发现并未让我感到惊讶。和对食物选择毫不在意的参与者相比，用心吃的参与者无论选择了什么食物，他们的积极情绪都提升得更为明显。因此，不论我们吃的是什么，都可以通过正念饮食来增加愉悦感。用心对待我们做的任何事都会增添其中的乐趣。

微笑也会引发内在的神经生物学反应。微笑时，即使一开始并不快乐，我们实际上也会感到更快乐。“面部反馈假说”为这一现象提供了一种可能的解释：大脑将肌肉运动识别为微笑，并释放相应的快乐化学物质。请现在就试试吧！对自己微笑。你的感觉如何呢?

研究人员甚至研究了微笑如何改变年轻健康女性对食物的渴望。他们让 60 名女性品尝美味的食物，然后要求她们微笑。结果表明，微笑的女性更能控制自己的渴望。[151] 这些研究可能刚好对那些容易情绪化进食的人特别有效。所有人都可以在生活中运用这些，只要微笑就行啦。

### 从饿怒到开心

**从微笑开始**。“和平始于微笑。”——特蕾莎修女。

我喜欢这句名言，它适用于描述人与食物间的关系。进食间隙，请停下微笑一会儿。可以是任何一种微笑，一个闭着嘴的佛祖式微笑或者大柴郡猫式微笑都可以，只要它对你有用。

**花点时间**。咬一口，笑一笑。微笑能让你停顿片刻。在这一间歇，请思考一下，你是想接着吃呢，还是对这一口食物感到心满意足?然后再做出决定。请重复这一过程。

## 小结：改变你的习惯

本章中，你已了解我所说的该如何正念饮食。这些要点更关注你的饮食方式，而非你吃了什么。即使是看起来微不足道的行为，比如拿起叉子，选择座位，吃之前停顿一下，或是缓慢进食，都对饮食体验有很大影响。

我希望你能重新用心对待整个饮食过程，从开始到结束——从突然出现吃东西的想法，到放下餐巾，推开盘子。我希望，不论何时进食，用心都能给你带来新的快乐。

以下是我们刚刚讨论的10个正念饮食的要点。请在你做得好的方面打钩，在需要留意的方面打叉。

关于正念饮食，无论你是刚刚入门还是专家，都要勤加练习。坚持下去！

- ☐ 我会用心或有意识地选择食物吗？
- ☐ 进食时我会尝试新事物吗？
- ☐ 进食时我会坐下吗？
- ☐ 我会咀嚼很多次吗？
- ☐ 我是否有意识地思考所有的食物选择？
- ☐ 我要细细品尝每一口吗？
- ☐ 进食时我会全神贯注吗？
- ☐ 吃饱喝足后我会停下吗？
- ☐ 我吃东西慢吗？
- ☐ 我是不是每吃一口都要开心地停顿一下？

# 后记

终于读完了这本书，希望你不会产生饿怒（如果真的饿了，也没关系）。都读到这儿了，你也知道怎么做才能将饿怒转化为开心了。

我希望，此时此刻的你真正感到心满意足。不仅仅是你的胃，还有你的头脑。每当我学习新事物时，我都会兴奋不已，充满动力。你肯定也和我一样。

你可能已经体验过一些欣喜的时刻，让你领会到正念饮食的益处。如果还没有，那是时候把你学到的东西付诸实践了。

我非常希望听到你的意见。真的。你可以在我的网站上找到我本人的联系方式。来自世界各地的人在一直给我写信，分享他们在进行饿怒管理项目之前的所思所为，以及饿怒管理工具和技巧如何让他们的生活更加美好。

哎呀，一本书也只能容纳这么多内容。想了解更多我撰写的心理学实践和另外 8 本书的信息，获取免费下载资源，欢迎你随时访问以下网站：eatingmindfully.com。

希望你们一切安好，一如既往地用心前行。

让饿怒症遁形！

用心吃喝！用心生活！

请接收这份用心，

苏珊·阿尔伯斯博士

# 致谢

感谢诸位！

我谨向下列人士致以诚挚的谢意。

感谢我亲爱的家人——布鲁克、杰克和约翰。我的父母——托马斯和卡梅拉，两个姐姐——琳达和安吉。还有约翰、朗达、吉姆和阿什莉。

感谢乔·塔塔博士和妮科尔·波肯斯博士。他们不仅是我的同事，还是绝佳的拍档、集思广益的伙伴和非常要好的朋友。

感谢朴和法恩文学传媒公司的贾德雷·布拉迪克斯和塞莱斯特·法恩。谢谢你们的帮助，使我的想法变成书架上真实的书籍。

真心感谢正念饮食的读者、咨询者和社交媒体粉丝们。一如既往，我很荣幸能成为你们生活的一部分。

特别感谢专家们，你们每天不知疲倦帮助人们改变与食物之间关系，是你们大幅提高了人们的生活质量，帮助他们真正地享受食物，而他们理应这么做。

衷心感谢凯莉·泰勒帮助大家找到我的书并给予关注。

感谢玛丽萨·维吉兰特及其所在的阿歇特图书出版集团小棕星

火团队。谢谢你们接纳本书，并向全世界读者介绍饿怒管理。

感谢切尔西 · 登林格出色的社交媒体创意、亚力杭德拉 · 奥尔特加的技术支持、兰迪 · 贝里的灵感创意写作、F.H. 的积极鼓励以及凯里 · 华莱士对编辑本书提供的帮助。

最后，感谢带来乐趣、冒险和支持的听众们：维多利亚 · 古尔德、苏珊 · 黑迪、贝齐 · 斯沃普、简 · 林德奎斯特 · 莱涅维斯基以及林根费尔特、赖特、伯吉特、巴尔和格拉斯曼家族。

# 参考文献


[1] B.J. Bushman et al., "Low glucose relates to greater aggression in married couples," *Proceedings of the National Academy of Sciences of the United States of America* 111, no.17 (April 14, 2014):6254–6274.doi.org/10.1073/pnas.1400619111.

[2] Shai Danziger, Jonathan Levav, and Liora Avnaim-Pesso, "Extraneous factors in judicial decisions," *Proceedings of the National Academy of Sciences of the United States of America* 108, no.17 (April 26, 2011): 6889–6892.doi .org/10.1073/pnas.1018033108.

[3] Andreas Glöckner, "The irrational hungry judge effect revisited: Simulations reveal that the magnitude of the effect is overestimated," *Judgment and Decision Making* 11, no. 6 (November 2016): 601–610. http://journal .sjdm.org/16/16823/jdm16823.pdf.

[4] Rozita H Anderberg et al.,"The Stomach-Derived Hormone Ghrelin Increases Impulsive Behavior," *Neuropsychopharmacology* 141(October 1,2015):1199–1209. doi.org/10.1038/npp.2015.297.

[5] Alexa Hoyland, Louise Dye, and Clare L. Lawton, "A systematic

review of the effect of breakfast on the cognitive performance of children and adolescents," *Nutrition Research Reviews* 22, no. 2 (December 2009): 220–243. doi.org/10.1017/S0954422409990175.

[6] Katie Adolphus, Clare L. Lawton, Claire L. Champ, and Louise Dye, "The Effects of Breakfast and Breakfast Composition on Cognition in Children and Adolescents: A Systematic Review," *Nutrition* 7, no. 3 (May 2016): 590S–612S. doi.org/10.3945/an.115.010256.

[7] Pippa Wysong, "Breakfast Enhances Cognition in Children and Adolescents," *BOLD: Blog on Learning and Development*, September 29, 2017.

[8] Takaaki Komiyama et al., "Cognitive function at rest and during exercise following breakfast omission," *Physiology and Behavior* 157 (April 1, 2016): 178–184. doi.org/10.1016/j.physbeh.2016.02.013.

[9] Neil Bernard Boyle, Clare Louise Lawton, and Louise Dye, "The Effects of Carbohydrates, in Isolation and Combined with Caffeine, on Cognitive Performance and Mood—Current Evidence and Future Directions," *Nutrients* 10, no. 2 (February 2018): 192. doi.org/10.3390/nu10020192.

[10] Michael Macht and Dorothee Dettmer, "Everyday mood and emotions after eating a chocolate bar or an apple," *Appetite* 46, no. 3 (May 2006):332–336. doi.org/10.1016/j.appet.2006.01.014.

[11] E. F. Coccaro, R. Lee, T. Liu, and A. A. Mathé, "Cerebrospinal fluid neu-ropeptide Y-like immunoreactivity correlates with impulsive aggression in human subjects," *Biological Psychiatry* 72, no. 12 (December 15, 2012): 997–1003. doi.org/10.1016/j.biopsych.2012.07.029.

[12] Silvia U Maier et al., "Acute Stress Impairs Self-Control in Goal-Directed Choice," *Cell.com* 87, no. 3 (August 5, 2015): 621–631. doi.org/10.1016/j.neuron.2015.07.005.

[13] Jennifer K. MacCormack and Kristen A. Lindquist, "Feeling hangry? When hunger is conceptualized as emotion," *Emotion* 19, no. 2 (March 2019):301–319. doi.org/10.1037/emo0000422.

[14] Honor Whiteman, "Sleep deprivation increases hunger in similar way to marijuana," *Medical News Today* (March 1, 2016). https://www.medicalnewstoday.com/articles/307203.php?utm_source=Medical News Today.

[15] Marie-Pierre St.-Onge, Anja Mikic, and Cara E. Pietrolungo, "Effects of Diet on Sleep Quality," *Advances in Nutrition* 7, no. 5 (September15,2016):938–949. doi.org/10.3945/an.116.012336.

[16] Jean-Philippe Chaput and Angelo Tremblay, "Adequate sleep to improve the treatment of obesity," *Canadian Medical Association Journal* 184, no. 18(December 2012): 1975–1976. doi.org/10.1503/cmaj.120876.

[17] Haya K. Al Khatib et al., "Sleep extension is a feasible lifestyle

interven-tion in f ree-l iving adults who are habitually short sleepers: a potential strategy for decreasing intake of free sugars? A randomized controlled pilot study," *American Journal of Clinical Nutrition* 17, no. 1 (January 2018): 43–53. doi.org/10.1093/ajcn/nqx030.

[18] Damien Leger, Virginie Bayon, and Alice de Sanctis, "The role of sleep in the regulation of body weight," *Molecular and Cellular Endocrinology* 418, pt. 2 (December 15, 2015): 101– 107. doi.org/10.1016/j.mce.2015.06.030.

[19] Filip Ottosson et al., "Connection Between BMI-Related Plasma Metabolite Profile and Gut Microbiota," *The Journal of Clinical Endocrinology & Metabolism* 103, no. 4 (February 1, 2018): 1491–1501. doi.org/10.1210 /jc.2017-02114.

[20] Caroline J. K. Wallace and Roumen Milev, "The effects of probiotics on depressive symptoms in humans: a systematic review," *Annals of General Psychiatry* 16 (February 20, 2017). doi.org/10.1186/ s12991-017-0138-2.

[21] Carolyn Gregoire, "Sauerkraut Could Be the Secret to Curing Social Anxiety," *Huffington Post Science*, June 10, 2015. https://www.huffington post.com/2015/06/10/ probiotics- gut- bacteria-a_n_7545942.html.

[22] K. Tillisch et al., "Consumption of fermented milk product with probiotic modulates brain activity," *Gastroenterology* 144, no. 7

(June 2013): 1394–1401. doi.org/10.1053/j.gastro.2013.02.043.

[23] Ioana A. Marin et al., "Microbiota alteration is associated with the development of stress- induced despair behavior," *Scientific Reports* 7, article no. 43859 (2017). doi.org/10.1038/srep43859.

[24] Erin Frey and Todd Rogers, "Persistence: How Treatment Effects Persist After Interventions Stop," *Policy Insights from the Behavioral and Brain Sciences* 1, no. 1 (2014): 172–179. doi.org/10.1177/2372732214550405.

[25] Samuel L. Buckner, Paul D. Loprinzi, and Jeremy P. Loenneke, "Why don't more people eat breakfast? A biological perspective," *The American Journal of Clinical Nutrition* 103, no. 6 (June 2016): 1555–1556. doi.org /10.3945/ajcn.116.132837.

[26] E. M. Ackuaku-Dogbe and B. Abaidoo, "Breakfast eating habits among medical students," *Ghana Medical Journal* 48, no. 2 (2014): 66–70.

[27] A. P. Goldstone et al., "Fasting biases brain reward systems towards high-calorie foods," *European Journal of Neuroscience* 30, no. 8 (October 2009): 1625–1635. doi.org/10.1111/j. 1460-9568.2009.06949.x.

[28] A. Lesani, A. Mohammadpoorasi, J. M. Esfeh, and A. Fakhari, "Eating breakfast, fruit and vegetable intake and their relation with happiness in college students," *Eating and Weight Disorders* 21, no. 4 (December 2016): 645–651. https://www.ncbi.nlm.nih.gov/

pubmed/26928281.

[29] Jerica M. Berge et al., "Intergenerational Transmission of Parent Encour-agement to Diet from Adolescence into Adulthood," *Pediatrics* 141, no. 4 (April 2018). doi.org/10.1111/10.1542/peds. 2017-2955.

[30] Anika Küppel, Martin J. Shipley, Clare H. Llewellyn, and Eric J. Brunner, "Sugar intake from sweet food and beverages, common mental disorder and depression: prospective findings from the Whitehall II study," *Scientific Reports* 7, no. 1 (July 27, 2017). doi. org/10.1038/ s41598-017- 05649-7.

[31] Larissa Ledochowski, Gerhard Ruedl, Adrian H. Taylor, and Martin Kopp, "Acute Effects of Brisk Walking on Sugary Snack Cravings in Overweight People, Affect and Responses to a Manipulated Stress Situation and to a Sugary Snack Cue: A Crossover Study," *PLOS One* 10, no. 3 (March 11, 2015). doi.org/10.1371/journal. pone.0119278.

[32] James E. Gangwisch et al., "High glycemic index diet as a risk factor for depression: analyses from the Women's Health Initiative," *The American Journal of Clinical Nutrition* 102, no.2 (August 2015): 454–463. doi.org /10.3945/ajcn.114.103846.

[33] Beatrice A. Golomb, Marcella A. Evans, Halbert L. White, and Joel E. Dimsdale, "Trans Fat Consumption and Aggression," *PLOS One* 7, no. 3 (2012). doi.org/10.1371/journal.pone.0032175.

[34] J. E. Flood-Obbagy and B. J. Rolls, "The effect of fruit in different forms on energy intake and satiety at a meal," *Appetite* 52, no. 2 (April 2009): 416–422. doi.org/10.1016/j.appet.2008.12.001.

[35] Caroline J. Edmonds, Rosanna Crombie, Haiko Ballieux, Mark R. Gard-ner, Lynne Dawkins, "Water consumption, not expectancies about water consumption, affects cognitive performance in adults," *Appetite* 60 (November 16, 2013): 148–153. doi.org/10.1016/j.appet.2016.11.011.

[36] C. X. Muñoz et al., "Habitual total water intake and dimensions of mood in healthy young women." *Appetite* 92 (September 2015): 81–86. doi .org/10.1016/j.appet.2015.05.002.

[37] Charles Spence, Betina Piqueras-Fiszman, Charles Michel, and Ophelia Deroy, "Plating manifesto (II): the art and science of plating," *Flavour* 3, no. 4 (2014). doi.org/10.1186/ 2044-7248-3-4.

[38] Jessica Rowley and Charles Spence, "Does the visual composition of a dish influence the perception of portion size and hedonic preference?," *Appetite* 128 (September 1, 2018): 79– 86. doi. org/10.1016/j.appet.2018.06.005.

[39] Vanessa Harrar, Betina Piqueras- Fiszman, and Charles Spence, "There's more to taste in a coloured bowl," *Perception* 40, no. 7 (January 1, 2011): 880–882. doi.org/10.1068/p7040.

[40] Arianna McClain et al., "Visual illusions and plate design: the effects of plate rim widths and rim coloring on perceived food

portion size," *International Journal of Obesity* 38, no. 5 (May 2014): 657–662. doi.org/10.1038 /ijo.2013.169.

[41] Jennifer A. Hunter, Gareth J. Hollands, Dominique-Laurent Couturier, and Theresa M. Marteau, "Effect of snack-food proximity on intake in general population samples with higher and lower cognitive resource," *Appetite* 121 (February 2018): 337–347. doi.org/10.1016/j.appet.2017.11.101.

[42] Billy Langlet et al., "Objective quantification of the food proximity effect on grapes, chocolate and cracker consumption in a Swedish high school. A temporal analysis," *PLOS One* (August 10, 2017). doi.org/10.1371/journal.pone.0182172.

[43] Paul Rozin et al., "Nudge to Nobesity I: Minor changes in accessibility decrease food intake, *Judgment and Decision Making* 6, no. 4 (June 2011): 323–332. http://journal.sjdm.org/11/11213/jdm11213.html.

[44] Dianne Engell et al., "Effects of effort and social modeling on drinking in humans," *Appetite* 26, no. 2 (April 1996): 129–138. doi.org/10.1006 /appe.1996.0011.

[45] Rosemary Walmsley et al., "Choice architecture modifies fruit and vegetable purchasing in a university campus grocery store: time series modelling of a natural experiment," *BMC Public Health* 18 (2018). doi .org/10.1186/s12889-018-6063-8.

[46] Susmita Baral, "How Binge Watching Affects Our Eating Habits,"

*NPR: The Salt* (December 31,2015). https://www.npr.org/sections/thesalt /2015/12/31/461594989/ netflix-and-chew-how- binge-watching-affects-our-eating-habits.

[47] Ryan Dwyer, Kostadin Kushlev, and Elizabeth Dunn, "Smartphone use undermines enjoyment of face-to-face social interactions," *Journal of Experimental Social Psychology* 78 (November 2017). doi.org/10.1016/j.jesp.2017.10.007.

[48] Melanie Dadourian, "One third of Americans can't eat without their cell phones, study finds," *Fox News* (January 23, 2018). https://www.foxnews.com/health/one-third-of-americans-cant- eat-without-their-cellphones-study-finds.

[49] Adrian F. Ward, Kristen Duke, Ayelet Gneezy, and Maarten W. Bos, "Brain Drain: the mere presence of one's own smartphone reduces avail-able cognitive capacity," *Journal of the Association for Consumer Research* 2, no. 2 (April 2017). doi.org/10.1086/691462.

[50] Cary Stothart, Ainsley Mitchum, and Courtney Yehnert, "The attentional cost of receiving a cell phone notification," *Journal of Experimental Psychology: Human Perception and Performance* 41, no. 4 (August 2015): 893–897.dx.doi.org/10.1037/xhp0000100.

[51] Jane Ogden et al., " 'Snack' versus 'meal': The impact of label and place on food intake," *Appetite* 120 (January 1, 2018): 666–672. doi.org/10.1016/j .appet.2017.10.026.

[52] Sungeun Cho et al., “Blue lighting decreases the amount of food consumed in men, but not in women,” *Appetite* 85 (February 1, 2015): 111–117. doi.org/10.1016/j.appet.2014.11.020.

[53] Aimee Hassenbeck et al., “Color and illuminance of lighting can modu-late willingness to eat bell peppers,” *Journal of the Science of Food and Agriculture* (December 6, 2013). doi.org/10.1002/jsfa.6523.

[54] Erhard Lick, Bettina König, Monyédodo Régis Kpossa, and Violetta Buller, “Sensory expectations generated by colours of red wine labels,” *Journal of Retailing and Consumer Services* 37 (July 2017): 146–158. doi .org/10.1016/j.jretconser.2016.07.005.

[55] Leonie Reutner, Oliver Genschow, and Michaela Wänke, “The adaptive eater: perceived healthiness moderates the effect of the color red on consumption,” *Food Quality and Preference* 44 (September 2015): 172–178. doi .org/10.1016/j.foodqual.2015.04.016.

[56] Meng Shen, Lijia Shi and Zhifeng Gao, “How does color affect attention to information on food labels and preference for food attributes?,” *Food Quality and Preference* 64 (March 2018): 47–55. doi.org/10.1016/j .foodqual.2017.10.004.

[57] Milica Vasilijevic, Rachel Pechey, and Theresa M. Marteau, “Making food labels social: The impact of colour of nutritional labels and injunctive norms on perceptions and choice of snack

foods," *Appetite* 91 (August 2016): 56–63. doi.org/10.1016/j.appet.2015.03.034.

[58] Oliver Genschow, Leonie Reutner, and Michaela Wänke, "The color red reduces snack food and soft drink intake," *Appetite* 58, no. 2 (April 2012): 669–702. doi.org/10.1016/j.appet.2011.12.023.

[59] Jonathan P. Schuldt, "Does green mean healthy? Nutrition label color affects perceptions of healthfulness," *Health Communication* 28, no. 8 (Feb-ruary 27, 2013): 814–821. doi.org/10.1080/10410236.2012.725270.

[60] A. N. Thorndike, J. Riis, L. M. Sonnenberg, and D. E. Levy, " Traffic-light labels and choice architecture: promoting healthy food choices," *American Journal of Preventative Medicine* 46, no. 2 (February 2014): 143– 149. doi.org/10.1016/j.amepre.2013.10.002.

[61] Robert M. Siegel et al., "Emoticon Use Increases Plain Milk and Vegetable Purchase in a School Cafeteria without Adversely Affecting Total Milk Purchase," *Clinical Therapy* 37, no. 9 (September 1, 2015): 1938–1943. doi .org/10.1016/j.clinthera.2015.07.016.

[62] C. A. Richards and A. G. Rundle, "Business Travel and Self-rated Health, Obesity, and Cardiovascular Disease Risk Factors," *Journal of Occupational and Environmental Medicine* 53, no. 4 (April 2011): 358–363. doi.org /10.1097/JOM.0b013e3182143e77.

[63] Milenko Martinovich, " Decadent-s ounding descriptions could lead to higher consumption of vegetables, Stanford research finds," *Stanford News* (June 21, 2017). https://news.stanford.edu/press-releases/2017/06/12/ decadent-sounding-labeling-may-lead-people-eat-vegetables/.

[64] Vanessa Alom et al., "Breaking bad habits by improving executive func-tion in individuals with obesity," *BMC Public Health* 18 (April 16, 2018):505. doi.org/10.1186/ s12889-018-5392-y.

[65] Susan Churchill, Donna C. Jessop, Ricky Green, and Peter R. Harris, " Self- affirmation improves self-control over snacking among participants low in eating self-efficacy," *Appetite* 123 (April 1, 2018): 264–268. doi .org/10.1016/j.appet.2017.12.028.

[66] Elena Holmes, "McDonald's tap tech to drive World Cup orders," *Sports Pro Media* (July 2, 2018). http://www.sportspromedia.com/news/mcdonalds-tech-world-cup-hungry-moments.

[67] "McDonald's Partners with Google to Anticipate 'Hungry Moments'," *Sports Business Daily Global Issues* (July 3, 2018). https://www.sportsbusi nessdaily.com/Global/Issues/2018/07/03/World-Cup/McDonalds.aspx.

[68] John M. Kearny and Sinead McElhone, "Perceived barriers in trying to eat healthier —results of a pan-EU consumer attitudinal survey," *British Journal of Nutrition* 81, no. 2 (May 1999): S 133–137. doi.org/10.1017 /S0007114599000987.

[69] Laura C. Ortinau, Heather A. Hoertel, Steve M. Douglas, and Heather J. Leidy, "Effects of high-protein vs. high-fat snacks on appetite control, satiety, and eating initiation in healthy women," *Nutrition Journal* 13 (2014). doi.org/10.1186/ 1475-2891-13-97.

[70] Adrian Meule and Andrea Kebler, "A Pilot Study on the Effects of Slow Paced Breathing on Current Food Craving," *Applied Psychophysiology and Biofeedback* 42, no.1 (2017): 59–68. doi.org/10.1007/ s10484-017-9351-7.

[71] Rebecca G. Boswell, Wendy Sun, Shosuke Suzuki, and Hedy Kober, "Training in cognitive strategies reduces eating and improves food choice," *Proceedings of the National Academy of Sciences of the United States of America* 115, no. 48 (November 12, 2018): E11238–E11247. doi.org /10.1073/pnas.1717092115.

[72] J. K. Kiecolt-Glaser et al., "Depressive symptoms, omega-6:omega-3 fatty acids, and inflammation in older adults," *Psychosomatic Medicine* 69, no. 3 (April 2007): 217–224. doi.org/10.1097/PSY.0b013e3180313a45.

[73] "Deep forehead wrinkles may signal a higher risk for cardiovascular mortality," *ScienceDaily* (August 26, 2018). https://www.sciencedaily.com /releases/2018/08/180826120738.htm.

[74] Noura S. Dosoky and William N. Setzer, "Biological activities and safety of Citrus spp. Essential Oils," *International Journal of Molecular Sciences* 19, no. 7 (1966). doi.org/10.3390/

ijms19071966.

[75] A. Steptoe et al., "The Effects of Tea on Physiological Stress Responsivity and Post- Stress Recovery: A Randomised Double-Blind Trial," *Psycho-pharmacology* 190, no. 1 (January 2007): 81–89. https://www.ncbi.nlm.nih .gov/pubmed/17013636.

[76] Kris Gunnars, "Proven Health Benefits of Dark Chocolate," *Healthline* (June 25, 2018). https://www.healthline.com/nutrition/7-health-benefits-dark-chocolate.

[77] B. O. Rennard et al., "Chicken soup inhibits neutrophil chemotaxis in vitro," *Chest* 118, no. 4 (October 2000): 1150–1157. doi.org/10.1378/chest.118.4.1150.

[78] Katie Adolphus, Clare L. Lawton, Claire Champ, and Louise Dye, "The Effects of Breakfast and Breakfast Composition on Cognition in Children and Adolescents: A Systematic Review," *Advances in Nutrition* 7, no.3 (May 2016): 590S–612S. doi.org/10.3945/an.115.010256.

[79] Eiichi Yoshimura, Yoichi Hatamoto, Satomi Yonekura, and Hiroaki Tanaka, "Skipping breakfast reduces energy intake and physical activity in healthy women who are habitual breakfast eaters: A randomized crossover trial," *Physiology and Behavior* 174 (May 15, 2017): 89–94. doi.org/10.1016/j physbeh.2017.03.008.

[80] Derrick Brown and Matthew Wyon, "The effect of moderate glycemic energy bar consumption on blood glucose and mood in

dancers," *Medical problems of performing artists* 29, no. 1 (March 2014): 27–31. doi.org/10 .21091/mppa.2014.1007.

[81] Mary Brophy Marcus, "Could a healthier diet help you sleep better?," *CBSNews.com* (February 10, 2016): https://www.cbsnews.com/news /could-a- healthier-diet-improve-sleep/.

[82] Marie-Pierre St.-Onge, Amy Roberts, Ari Schecter, and Arindam Roy Choudhury, "Fiber and Saturated Fat Are Associated with Sleep Arousals and Slow Wave Sleep," *Journal of Clinical Sleep Medicine* 15, no. 5 (January 2016):19–24. doi.org/10.5664/jcsm.5384.

[83] Marsha McCulloch, "The 15 Best Healthy Late-Night Snacks," *Healthline* (June 24, 2018). https://www.healthline.com/nutrition/healthy-late-night-snacks.

[84] Marie-Pierre St.-Onge, Anja Mikic, and Cara E. Pietrolungo, "Effects of Diet on Sleep Quality," *Advances in Nutrition* 7, no. 5 (September 2016): 938–949. doi.org/10.3945/an.116.012336.

[85] Juliet M. Pullar, Anitra C. Carr, Stephanie M. Bozonet, and Margreet C.M. Vissers, "High Vitamin C Status Is Associated with Elevated Mood in Male Tertiary Students," *Antioxidants (Basel)* 7, no. 7 (July 2018): 91. doi .org/10.3390/antiox7070091.

[86] Kate L. Brookie, Georgia I. Best, and Tamlin S. Conner, "Intake of Raw Fruits and Vegetables Is Associated with Better Mental Health Than Intake of Processed Fruit and Vegetables," *Frontiers in*

*Psychology* (April 10, 2018). doi.org/10.3389/fpsyg.2018.00487.

[87] Alice G. Walton, "Dark Chocolate May Boost Brain Function, Immunity and Mood," *Forbes* (April 27, 2018). https://www.forbes.com/sites/aliceg walton/2018/04/27/ dark-chocolate-may-boost-brain-function-immunity-and-mood/#2e3e6da04608.

[88] Robert Krikorian et al., "Blueberry Supplementation Improves Memory in Older Adults," *Journal of Agricultural and Food Chemistry* 58, no. 7 (Janu-ary 4, 2010). doi.org/10.1021/jf9029332.

[89] Katie L. Barfoot et al., "The effects of acute wild blueberry supplementation on the cognition of 7–10- year-old schoolchildren," *European Journal of Nutrition* (October 16, 2018): 1–10. doi.org/10.1007/ s00394- 018- 1843-6.

[90] Farzaneh A. Sorond et al., "Neurovascular coupling, cerebral white matter integrity, and response to cocoa in older people," *Neurology* 81, no. 10 (September 3, 2013). doi.org/10.1212/ WNL.0b013e3182a351aa.

[91] Lee Berk et al., "Dark chocolate (70% organic cacao) increases acute and chronic EEG power spectral density (μV2) response of gamma frequency (25–40 Hz) for brain health: enhancement of neuroplasticity, neural synchrony, cognitive processing, learning, memory, recall, and mindfulness meditation," *The FASEB Journal* (April 20, 2018). https://www.fasebj .org/doi/10.1096/ fasebj.2018.32.1_supplement.878.10.

[92] Selvaraju Subash et al., "Neuroprotective effects of berry fruits on neuro-degenerative diseases," *Neural Regeneration Research* 9, no. 16 (August 15, 2014): 1557–1566. doi.org/10.4103/ 1673-5374.139483.

[93] Raúl Domínguez et al., "Effects of Beetroot Juice Supplementation on Cardiorespiratory Endurance in Athletes. A Systematic Review," *Nutrients* 9, no. 1 (January 2017). doi.org/10.3390/nu9010043.

[94] E. L. Wightman et al., "Dietary nitrate modulates cerebral blood flow parameters and cognitive performance in humans: A double-blind, placebo-controlled, crossover investigation," *Physiology and Behavior* (October 1, 2015): 149–158. doi.org/10.1016/ j.physbeh.2015.05.035.

[95] Tennille D. Presley et al., "Acute effect of a high nitrate diet on brain per-fusion in older adults," *Nitric Oxide* 24, no. 1 (January 1, 2011): 34–42. doi .org/10.1016/j.niox.2010.10.002.

[96] Ludovico Alisi et al., "Between Vitamin K and Cognition: A Review of Current Evidence," *Frontiers in Neurology* (March 19, 2019): doi.org/10 .3389/fneur.2019.00239.

[97] Anders Schmidt et al., "Green tea extract enhances parieto-frontal connectivity during working memory processing," *Psychopharmacology* 231, no. 19 (2014): 3879–3888. doi. org/10.1007/ s00213-014-3526-1.

[98] David Christopher Nieman et al., "Bananas as an energy source

during Exercise: A Metabolomics Approach," *PLOS One* 7, no. 5 (May 2012). doi .org/10.1371/journal.pone.0037479.

[99] Channa Marsh, Daniel Green, Louise Taylor, and Kym J. Guelfi, "Con-sumption of dark chocolate attenuates subsequent food intake compared with milk and white chocolate in postmenopausal women," *Appetite* 116 (September 1, 2017): 544–551. doi. org/10.1016/j.appet.2017.05.050.

[100] Sarah O. Hull et al., "A mid- morning snack of almonds generates satiety and appropriate adjustments of subsequent food intake in healthy women," *European Journal of Nutrition* 54, no. 5 (August 2015): 803–810. doi .org/10.1007/ s00394-014-0759-z.

[101] Steve Douglas, Laura C. Ortinau, Heather A. Hoertel, and Heather Leidy, "Low, moderate, or high protein yogurt snacks on appetite control and sub-sequent eating in healthy women," *Appetite* 60, no. 1 (September 2012): 117–122. doi.org/10.1016/ j.appet.2012.09.012.

[102] Heather J. Leidy, Laura C. Ortinau, Steve M. Douglas, and Heather A. Hoertel, "Beneficial effects of a higher-protein breakfast on the appetitive, hormonal, and neural signals controlling energy intake regulation in overweight/obese, 'breakfast-skipping,' late-adolescent girls," *American Journal of Clinical Nutrition* 97, no. 4 (April 2013): 6 77–6 88. doi.org /10.3945/ajcn.112.053116.

[103] Jillon S. Vander Wal et al., " Short-Term Effect of Eggs on Satiety

in Over-weight and Obese Subjects," *Journal of the American College of Nutrition* 24, no. 6 (December 2005): 510–515.

[104] Helen M. Parretti et al., "Efficacy of water preloading before main meals as a strategy for weight loss in primary care patients with obesity," *Obesity* 23, no. 9 (September 2015): 1785–1791. doi.org/10.1002/oby.21167.

[105] Robert A. Corney, Caroline Sunderland, and Lewis J. James, "Immediate pre- meal water ingestion decreases voluntary food intake in lean young males," *European Journal of Nutrition* 55, no. 2 (March 2016): 815–819. doi .org/10.1007/ s00394-015-0903-4.

[106] Catharine Paddock, "Two cups of water before each meal enhanced weight loss in clinical trials," *Medical News Today* (August 24, 2010). https://www.medicalnewstoday.com/articles/198720.php.

[107] Ji Na Jeong, "Effect of Pre-meal Water Consumption on Energy Intake and Satiety in Non- obese Young Adults," *Clinical Nutrition Research* 7, no. 4 (October 2018): 291–296. doi.org/10.7762/cnr.2018.7.4.291.

[108] Jordan Lite, "Vitamin D deficiency soars in the U.S., study says," *Scientific American* (March 23, 2009). https://www.scientificamerican.com/article /vitamin-d- deficiency- united-states/?redirect=1.

[109] Ibrar Anjum et al., "The role of vitamin D in brain health: a mini literature review," *Cureus* 10, no. 7 (July 2018): e2960. doi.

org/10.7759/cureus .2960.

[110] Gleicilaine A. S. Casseb, Manuella P. Kaster, and Ana Lúcia S. Rodrigues, "Potential role of Vitamin D for the Management of Depression and Anxiety," *CNS Drugs* (May 15, 2019): 1–19. doi.org/10.1007/ s40263-019-00640-4.

[111] G. Bjorn et al., "Linking Vitamin D status, executive functioning, and self-perceived mental health in adolescents through multivariate analysis: a randomized double-blind placebo control trial," *Scandinavian Journal of Psychology* 58, no. 2 (April 2017): 123–130. doi.org/10.1111/sjop.12353.

[112] "Vitamin D Supplements May Aid Weight Loss for Obese and Over-weight People, Study Finds," *Huffington Post UK* (August 5, 2015). https://www.huff ingtonpost.co.uk/2015/05/08/vitamin-d-supplements-weight-loss-study_n_7239722.html?guccounter=2.

[113] B. S. Peters et al., "The influence of breakfast and dairy products on dietary calcium and vitamin D intake in postpubertal adolescents and young adults," *Journal of Human Nutrition and Dietetics* 25, no. 1 (February 2012): 69–74. doi.org/10.1111/j. 1365-277X.2011.01166.x.

[114] Igor Bendik et al., "Vitamin D: a critical and essential micronutrient for human health," *Frontiers in Physiology* 5 (July 11, 2014): 248. doi.org/10 .3389/fphys.2014.00248.

[115] Neil Bernard Boyle, Clare Lawton, and Louise Dye, "The effects

of magnesium supplementation on subjective anxiety and s tress —a systematic review," *Nutrients* 9, no. 5 (May 2017): 429. doi.org/10.3390 /nu9050429.

[116] G. K. Schwalfenberg and S. J. Genius, "The Importance of Magnesium in Clinical Healthcare," *Scientifica* (2017). doi.org/10.1155/2017/4179326.

[117] Flávia G. Cândido et al., "Addition of pooled pumpkin seed to mixed meals reduced postprandial glycemia: a randomized placebo-controlled clinical trial," *Nutrition Research* 56 (August 2018): 90–97. doi.org/10 .1016/j.nutres.2018.04.015.

[118] Zhaoping Shelly Li et al., "Hass avocado modulates postprandial inflammatory responses to a hamburger meal in healthy volunteers," *Food and Function* 4, no. 3 (February 26, 2013): 384–391. doi.org/10.1039 /c2fo30226h.

[119] Priyanga Ranasinghe et al., "Medicinal properties of 'true' cinnamon (*Cinnamomom zeylanicum*): a systematic review," *BMC Complementary and Alternative Medicine* 13 (2013). doi.org/10.1186/1472-6882-13-275.

[120] R. W. Allen et al., "Cinnamon use in type 2 diabetes: an updated system-atic review and meta-analysis," *Annals of Family Medicine* 11, no. 5 ( September–October 2013): 452– 459. doi.org/10.1370/afm.1517.

[121] N. Kizilaslan and N. Z. Erdem, "The effect of different amounts

of cinnamon consumption on blood glucose in healthy adult individuals," *International Journal of Food Science* (March 4, 2019). doi.org/10.1155/2019/4138534.

[122] Ahmed Salih, " Anti-diabetic and antioxidant effect of cinnamon in poorly controlled type-2 diabetic Iraqi patients: A randomized, placebo-controlled clinical trial," *Journal of Intercultural Ethnopharmacology* 5, no. 2 (February 21, 2016): 103–113. doi.org/10.5455/jice.20160217044511.

[123] A. L. Francis and R. C. Beemer, "How does yoga reduce stress? Embodied cognition and emotion highlight the influence of the musculoskeletal system," *Complementary Therapies in Medicine* 43 (April 2019): 170–175. doi .org/ 10.1016/j.ctim.2019.01.024.

[124] Ed O'Brien and Robert W. Smith, "Unconventional Consumption Methods and Enjoying Things Consumed: Recapturing the 'First-Time' Experience," *Personality and Social Psychology Bulletin* 45, no. 1 (June 2018). doi .org/10.1177/0146167218779823.

[125] Brian Wansink and Ellen van Kleef, "Dinner rituals that correlate with child and adult BMI," *Obesity* 22, no. 5 (October 1, 2013): E91–95. doi.org/10.1002/oby.20629.

[126] Sophie Kergoat, Veronique Braesco, Britt Burton-Freeman, and Marion Hetherington, "Effects of chewing on appetite, food intake and gut hormones: a systematic review and meta- analysis," *Physiology and Behavior* 151 (July 2015): 88–96. doi.org/10.1016/

j.physbeh.2015.07.017.

[127] Sophie Miquel-Kergoat, Veronique Azais-Braesco, Britt Burton-Freeman, and Marion M. Hetherington, "Effects of chewing on appetite, food intake and gut hormones: A systematic review and meta-analysis," *Physiology and Behavior* 151 (November 2015): 88–96. doi.org/10.1016/j.physbeh.2015.07.017.

[128] K. J. Melanson and D. L. Kresge, "Chewing gum decreases energy intake at lunch following a controlled breakfast," *Appetite* 118 (November 1, 2017): 1–7. doi.org/10.1016/j.appet.2017.

[129] Akitsu Ikeda et al., "Chewing stimulation reduces appetite ratings and attentional bias toward visual food stimuli in healthy-weight individuals," *Frontiers in Psychology* (February 8, 2018). doi.org/10.3389/fpsyg.2018 .00099.

[130] Yong Zhu and James H. Hollis, "Increasing the Number of Chews before Swallowing Reduces Meal Size in Normal-Weight, Overweight, and Obese Adults," *Journal of the Academy of Nutrition and Dietetics* 114, no.6 (June 2014): 926–931. doi.org/10.1016/j.jand.2013.08.020.

[131] Sophie Kergoat, Veronique Braesco, Britt Burton-Freeman, and Marion Hetherington, "Effects of chewing on appetite, food intake, and gut hormones: a systematic review and meta-analysis," *Physiology and Behavior* 151 (July 2015): 88–96. doi.org/10.1016/j.physbeh.2015.07.017.

[132] Eva Almiron-Roig et al., "Large portion sizes increase bite size and eating rate in overweight women," *Physiology and Behavior* 139 (February 2015): 297–302. doi.org/10.1016/j.physbeh.2014.11.041.

[133] D. P. Bolhuis et al., "Consumption with large sip sizes increases food intake and leads to underestimation of the amount consumed," *PLOS One* 8, no. 1 (2013). doi.org/10.1371/journal.pone.0053288.

[134] Laura L. Wilkinson et al., "Keeping pace with your eating: visual feedback affects eating rate in humans," *PLOS One* 11, no. 2 (February 1, 2016). doi .org/10.1371/journal.pone.0147603.

[135] Ashley E. Mason et al., "Effects of mindfulness-based intervention on mindful eating, sweets consumption, and fasting glucose levels in obese adults: data from the SHINE randomized controlled trial," *Journal of Behavioral Medicine* 39, no. 2 (April 2016): 201–213. doi.org/10.1007/ s10865-015-9692-8.

[136] M. Hetherington, B. J. Rolls, and V. J. Burley, "The time course of sensory-specific satiety," *Appetite* 12, no. 1 (February 1989): 57–68.

[137] E. N. Garbinsky, C. K. Morewedge, and B. Shiv, "Interference of the end: why recency bias in memory determines when a food is consumed again," *Psychological Science* 25, no. 7 (July 2014): 1466–1474. doi.org/10.1177 /0956797614534268.

[138] Lizette Borelli, "The 'Crunch Effect': Tuning In To Food Sounds May Help You Eat Less, Lose Weight," *Medical Daily* (March 16,

2016). http://www.medicaldaily.com/tuning-food- sounds-eat-less-crunch-378166.

[139] Sarah Knapton, "Eat in the dark to lose weight, say scientists," *Telegraph* (February 23, 2016). https://www.telegraph.co.uk/news/science/ science-news/12170702/Eat-in-the-dark-to- lose-weight-say-scientists.html.

[140] Eric Robinson et al., "Eating attentively: a systematic review and meta-analysis on the effect of food intake memory and awareness on eating," *American Journal of Clinical Nutrition* 97, no. 4 (April 2013): 728–742. doi .org/10.3945/ajcn.112.045245.

[141] Reine van der Wal and Lotte F. van Dillen, "Leaving a Flat Taste in Your Mouth: Task Load Reduces Taste Perception," *Psychological Science* 24, no. 7 (May 2013): 1277–1284. doi.org/10.1177/0956797612471953.

[142] Jane Ogden et al., "Distraction, the desire to eat and food intake. Towards an expanded model of mindless eating," *Appetite* 62 (December 2012): 119–126. doi.org/10.1016/j.appet.2012.11.023.

[143] Eva Kemps and Marika Tiggemann, " Modality- specific imagery reduces cravings for food: An application of the elaborated intrusion theory of desire to food craving," *Journal of Experimental Psychology Applied* 13, no. 2 (July 2007): 95–104. doi.org/10.1037/1076- 898X.13.2.95.

[144] K. Tapper and A. Turner, "The effect of a mindfulness-

based decentering strategy on chocolate craving," *Appetite* 130 (November 1, 2018): 157–162. doi.org/10.1016/j.appet.2018.08.011.

[145] S. Schumacher, E. Kemps, and M. Tiggemann, " Acceptance- and imagery-based strategies can reduce chocolate cravings: A test of the elaborated- intrusion theory of desire," *Appetite* 130 (June 1, 2017): 63–70. doi.org/10.1016/j.appet.2017.02.012.

[146] S. Schumacher, E. Kemps, and M. Tiggemann, "The food craving experience: Thoughts, images and resistance as predictors of craving intensity and consumption," *Appetite* 133 (February 1, 2019): 387–392. doi.org/10.1016 /j.appet.2018.11.018.

[147] Shou Zhou, Michael A. Shapiro, and Brian Wansink, "The audience keeps eating more if a movie character keeps eating: An unconscious mechanism for media influence on eating behaviors," *Appetite* 108 (Janu-ary 1, 2017): 407–415. doi.org/10.1016/j.appet.2016.10.028.

[148] T. Ohkuma et al., "Association between eating rate and obesity: a systematic review and meta-analysis," *International Journal of Obesity* 39 (May 25, 2015): 1589–1596. doi.org/10.1038/ijo.2015.96.

[149] Victoria Whitelock and Eric Robinson, "Remembered Meal Satisfaction, Satiety, and Later Snack Food Intake: A Laboratory Study," *Nutrients* 10, no. 12 (December 2018). doi.org/10.3390/

nu10121883.

[150] Brian P. Meier, Sabrina W. Noll, and Oluwatobi J. Molokwu, “The sweet life: the effect of mindful chocolate consumption on mood,” *Appetite* 108 (January 1, 2017): 21–27. doi.org/10.1016/j.appet.2016.09.018.

[151] Jennifer Schmidt and Alexandra Martin, “ ‘Smile away your cravings’ —Facial feedback modulates cue-induced food cravings,” *Appetite* 116 (September 2017): 536–543. doi.org/10.1016/j.appet.2017.05.037.